Fundamentos e Tendências em Inovação Tecnológica: V.1

Dra. Maria Elizete Kunkel

organizadora

Autores

Álvaro Luiz Fazenda
Ana Paula Dias Cano
Arlindo Flavio da Conceição
Bárbara Olivetti Artioli
Camila Bertini Martins
Catarina Fernandes Pröglhöf
Denise Stringhini
Eliane Alves de Oliveira Juvenal
Ezequiel Roberto Zorzal
Flávia Cristina Martins Queiroz Mariano
Flávio Soares Corrêa da Silva
Iraci de Souza João-Roland
Johnny Cardoso Marques
Luciana Rocha G. dos Santos
Luiz Eduardo Galvão Martins
Maraísa Gonçalves
Maria Elizete Kunkel
Rafael Slavov
Raquel Aparecida Domingues
Renato Cesar Sato
Rochele Ferreira Silva Diniz
Thabata Alcantara Ferreira Ganga
Thais Aline P. Mendonça
Tiago de Oliveira

Dra. Maria Elizete Kunkel
(organizadora)

Fundamentos e Tendências em Inovação Tecnológica: V.1

DADOS INTERNACIONAIS DE CATALOGAÇÃO NA PUBLICAÇÃO (CIP)

F981   Fundamentos e tendências em inovação tecnológica / Maria Elizete Kunkel (organizadora).– Seattle, EUA: Kindle Direct Publishing, 2020.
176 p. : il. ; 22 x 28,5 cm.

Inclui bibliografia.
ISBN 979-8644114931

1. Inovação tecnológica. 2. Tecnologia. 3. Inovação. I. Título.

CDU 330.341.1:62

Bibliotecária responsável: Bruna Heller (CRB-10/2348)

Índice para catálogo sistemático:
1. Inovação 330.341.1
2. Tecnologia 62

PREFÁCIO

Sinto-me envaidecido pelo convite para prefaciar um livro, ao pensar que, possivelmente, de alguma forma tive ou tenho alguma importância na vida acadêmica ou profissional daqueles que de mim lembraram e me convidaram para desempenhar essa honrosa tarefa. Este livro, na forma de coletânea, aborda temas pesquisados por docentes do Mestrado Profissional em Inovação Tecnológica da Universidade Federal de São Paulo Unifesp, curso este iniciado em 2018 no Instituto de Ciência e Tecnologia, no campus de São José dos Campos, SP. Cada capítulo foi escrito por um docente do mestrado com a participação de coautores externos. Com conteúdo eclético, os capítulos varrem tópicos como dados abertos, privacidade e inovação, principais fontes de financiamento de inovações, inovação social, soluções de software e sistemas computacionais para o desenvolvimento de aplicações, desenvolvimento de sistemas críticos, impressão 3D, técnicas de implementação física de sistemas descritos em redes de Petri - uma linguagem formal para especificar e modelar o comportamento algorítmico de sistemas, metanálise aliada a uma revisão sistemática, e potencial de produção de células solares e biocombustíveis na geração de energia. Com esta diversidade, é certo que um ou mais destes tópicos atenderão ao interesse e à preferência dos leitores. Recomendo a leitura!

Prof. Dr. Horácio Hideki Yanasse
Diretor do Instituto de Ciência e Tecnologia,
Universidade Federal de São Paulo - Unifesp

APRESENTAÇÃO

A Inovação Tecnológica exerce um papel cada vez mais relevante no cenário social, político e econômico mundial. A Inovação contribui para a solução de problemas complexos, criação de novas oportunidades de trabalho e para a maior eficiência e sustentabilidade das relações e organizações sociais. O Programa de Mestrado Profissional Interdisciplinar em Inovação Tecnológica (PIT) do Instituto de Ciência e Tecnologia da Universidade Federal de São Paulo (Unifesp) tem como objetivo principal disseminar a cultura de Inovação Tecnológica e os conhecimentos necessários para a sua realização. O programa busca ser um integrador entre academia, o setor produtivo e os programas públicos e privados para promoção da Inovação. Este livro é o primeiro de uma série de livros de autores que são docentes do Mestrado PIT-Unifesp com o propósito de apresentar tópicos atualizados de inovação tecnológica para estimular a criação de novos processos e produtos. A forma como os capítulos foram organizados busca apresentar a relação da interdisciplinaridade com os processos de inovação, bem como fundamentos básicos para a construção do conhecimento nessa área tão importante para o nosso país.

Profa. Dra. Maria Elizete Kunkel
Universidade Federal de São Paulo - Unifesp

SUMÁRIO

Capítulo 1 Dados Abertos e Inovação — 8
    1.1 INTRODUÇÃO — 9
    1.2 MARCOS LEGAIS RELEVANTES SOBRE USO DE DADOS ABERTOS — 10
    1.3 O QUE SÃO DADOS ABERTOS? — 11
    1.4 EXEMPLOS — 13
    1.5 INOVAÇÃO COM DADOS ABERTOS — 15
    1.6 DADOS ABERTOS E PRIVACIDADE — 17
    1.7 CONSIDERAÇÕES FINAIS — 18
    REFERÊNCIAS — 18

Capítulo 2 Crowdfunding e o Desenvolvimento de Inovação Social — 21
    2.1 INTRODUÇÃO — 22
    2.2 CROWDFUNDING — 23
    2.3 INOVAÇÃO SOCIAL — 26
    2.4 CROWDFUNDING E A INOVAÇÃO SOCIAL — 30
    2.5 CONSIDERAÇÕES FINAIS — 34
    REFERÊNCIAS — 35

Capítulo 3 Realidade Aumentada — 38
    3.1. INTRODUÇÃO — 39
    3.2. APLICAÇÕES DE REALIDADE AUMENTADA — 42
    3.3. SOFTWARE PARA APOIAR O DESENVOLVIMENTO — 44
    3.4. CONSIDERAÇÕES FINAIS — 46
    REFERÊNCIAS — 47

Capítulo 4 Manufatura Aditiva do tipo FDM na Engenharia Biomédica — 50
    4.1. INTRODUÇÃO — 51
    4.2. FUSED DEPOSITION MODELING (FDM) — 52
    4.3. MATERIAIS UTILIZADOS NO PROCESSO FDM — 53
    4.4. APLICAÇÃO DO PROCESSO FDM NA ENG BIOMÉDICA — 55
    4.5. CONSIDERAÇÕES FINAIS — 65
    REFERÊNCIAS — 66

Capítulo 5 Introdução aos Sistemas Computacionais de Alto Desempenho — 70
    5.1. INTRODUÇÃO — 71
    5.2. MODELO HIERÁRQUICO DE SISTEMAS COMPUTACIONAIS DE ALTO DESEMPENHO — 72
    5.3 MÓDULO BÁSICO PARA PROCESSADOR E MEMÓRIA COMPARTILHADA — 74
    5.4. PROGRAMAÇÃO COM MPI — 79
    5.5 COMPUTAÇÃO HETEROGÊNEA — 81
    5.6. CONSIDERAÇÕES FINAIS — 83
    REFERÊNCIAS — 84

Capítulo 6 Desafios de Inovação no Desenvolvimento de Sistemas Críticos — 86

- 6.1. INTRODUÇÃO — 87
- 6.2. ANÁLISE DE RISCOS — 88
- 6.3. ENGENHARIA DE REQUISITOS DE SISTEMAS CRÍTICOS — 90
- 6.4. PADRÕES PARA SISTEMAS CRÍTICOS — 93
- 6.4.5 CENELEC EN 50128 — 97
- 6.4.6 ISO 26262 — 97
- 6..4.7 IEEE 12207 — 98
- 6.5 ESTRATÉGIAS PARA CERTIFICAÇÃO DE SISTEMAS CRÍTICOS — 98
- 6.6 CONSIDERAÇÕES FINAIS — 101
- REFERÊNCIAS — 102

Capítulo 7 Redes de Petri em Hardware — 107

- 7.1. INTRODUÇÃO — 108
- 7.2. FORMAS DE IMPLEMENTAÇÃO FÍSICA DE REDES DE PETRI — 109
- 7.3. SISTEMA MULTIPROCESSADO CONTROLADO POR MODELOS EM REDES DE PETRI — 112
- 7.4. ARQUITETURA ACHILLES PARA IMPLEMENTAR MODELOS DESCRITOS EM REDES DE PETRI — 113
- 7.5. EXEMPLO PRÁTICO: SÍNTESE DE UMA REDE DE PETRI NUM FPGA — 114
- 7.6. O SELETOR DE TRANSIÇÃO — 118
- 7.7. UTILIZAÇÃO DE RECURSOS NUM FPGA — 120
- 7.8. OUTRAS IMPLEMENTAÇÕES — 122
- 7.9. CONSIDERAÇÕES FINAIS — 123
- REFERÊNCIAS — 124

Capítulo 8 Revisão Sistemática e Metanálise — 126

- 8.1. INTRODUÇÃO — 127
- 8.2. REVISÃO SISTEMÁTICA — 128
- 8.3. METANÁLISE — 130
- 8.4. CONSIDERAÇÕES FINAIS — 136
- REFERÊNCIAS — 136

Capítulo 9 Utilização de Fontes Renováveis na Geração de Energia — 139

- 9.1. INTRODUÇÃO — 140
- 9.2 BIOCOMBUSTÍVEIS — 141
- 9.3 CÉLULAS SOLARES — 146
- 9.4 CONSIDERAÇÕES FINAIS — 149
- REFERÊNCIAS — 150

Capítulo 10 Financiamento de Inovações — 154

- 10.1. INTRODUÇÃO — 155
- 10.2. FONTES TÍPICAS DE FINANCIAMENTO — 158
- 10.3. ESTRATÉGIAS DE FINANCIAMENTO — 165
- 10.4 CONSIDERAÇÕES FINAIS — 167
- REFERÊNCIAS — 167

Capítulo

1

Dados Abertos e Inovação

Arlindo Flavio da Conceição
Instituto de Ciência e Tecnologia, Universidade Federal de São Paulo - Unifesp

Flávio Soares Corrêa da Silva
Instituto de Matemática e Estatística - IME, Universidade de São Paulo - USP

Abstract

Open data adds transparency and agility to service delivery and enables the creation of innovative services. This chapter presents the key features of open data and explores examples of innovation for both the private sector and the public sector. The text also discusses the privacy ethics of individual data.

Resumo

Dados abertos agrega transparência e agilidade em prestação de serviços e possibilitam a criação de serviços inovadores. Este capítulo apresenta as principais características de dados abertos e explora exemplos de inovação, tanto para o setor privado, quanto para o setor público. O texto também discute a questão ética de privacidade dos dados individuais.

1.1 INTRODUÇÃO

Existem várias razões para se publicar dados abertamente. A primeira razão ocorre se o acesso à informação é um direito do cidadão, um exemplo disso é o orçamento municipal. Outra razão ocorre quando o acesso aos dados é de interesse público e sua disponibilização pode beneficiar a todos, por exemplo, publicar os dados de fluidez no trânsito e de acidentes, tal que os usuários do sistema possam buscar rotas alternativas. Uma terceira razão ocorre quando o uso de dados abertos pode fomentar a inovação e a criação de novos serviços e produtos.

A iniciativa de dados abertos compartilha alguns princípios com o movimento *Open* (*open software*, *open hardware*, *open innovation* etc.), cuja filosofia busca a liberdade, a transparência e a divulgação do conhecimento [1]. Contudo, o uso de dados abertos na criação de novos produtos e como estratégia de apoio à inovação ainda está dando os seus primeiros passos [2]. Para o maior uso de dados abertos pode-se citar que é necessário avanços, principalmente, nas seguintes áreas:

- Avanço das ferramentas e métodos para coleta e publicação de dados abertos.
- Disseminação de um padrão *de facto* de ferramenta para a disponibilização de dados abertos.
- Maior clareza e conscientização sobre as questões éticas relacionadas a proteção da privacidade individual.
- Desenvolvimento de ferramentas e processos para empoderar os usuários no processo de publicação, correção e curadoria de dados abertos.

Este capítulo discute os princípios de dados abertos e busca demonstrar o seu potencial para a inovação em serviços de Tecnologia da Informação e Comunicação (TIC). Para isso, as próximas seções estão organizadas da seguinte maneira: a Seção 1.2 caracteriza marcos históricos e legais que regulamentam a publicação de dados abertos. A Seção 1.3 define o que são dados abertos. A Seção 1.4 apresenta exemplos de projetos inovadores baseados em dados abertos. A Seção 1.5 apresenta aspectos relevantes para a construção de projetos de inovação apoiados nos conceitos e princípios de dados abertos. A Seção 1.6 apresenta algumas questões éticas importantes relacionadas à disponibilização e uso de dados abertos. Por fim, a Seção 1.7 apresenta nossa visão de futuro para o desenvolvimento de novos serviços com dados abertos.

1.2 MARCOS LEGAIS RELEVANTES SOBRE USO DE DADOS ABERTOS

Historicamente, é difícil definir a origem do movimento de dados abertos, mas podemos enumerar alguns momentos marcantes do passado que influenciaram a caracterização deste movimento. As primeiras iniciativas marcantes foram promovidas por órgãos governamentais com o objetivo de ampliar a transparência dos serviços públicos, permitindo maior participação popular na fiscalização de gastos.

Uma iniciativa marcante foi o ato *Open Government Initiative*, publicado no primeiro dia de mandato do ex-presidente dos Estados Unidos da América, Barack Obama, em 20 de janeiro de 2009 [3]. A medida tinha como pilares os conceitos de transparência, participação e colaboração popular. Uma das consequências práticas desta medida foi a reestruturação das páginas Internet de órgãos públicos dos Estados Unidos, a fim de disponibilizar dados abertos e oferecer à população canais para críticas e sugestões.

No Brasil, um marco foi a Lei Complementar 131, de 27 de maio de 2009 [4], que ficou conhecida como a Lei da Transparência e definiu metas sobre a transparência da gestão fiscal, determinando a disponibilização de informações sobre a execução orçamentária e financeira da União, dos Estados, do Distrito Federal e dos Municípios.

Outros eventos relevantes no Brasil foram a criação do Marco Legal da Internet (Lei nº 12.965, de 23 de abril de 2014 [5]), a publicação do decreto que institui a política de Dados Abertos do governo federal (Decreto nº 8.777, de 11 de maio de 2016 [6]) e, mais recentemente, a Lei de Proteção de Dados Pessoais (Lei nº 13.709, de 14 de agosto de 2018 [7]). Esses marcos legais normatizaram boas práticas e definiram limites ao uso de dados pessoais de clientes e de cidadãos.

Desse modo, a partir da Lei Federal 131/2009, todo órgão da administração pública brasileira deveria disponibilizar demonstrativos de gestão abertamente. Desde o Decreto Federal 8777/2016, as instituições públicas deveriam publicar dados internos de forma aberta. Entretanto, simplesmente disponibilizar informações em um endereço da Internet não é o suficiente; para que um dado seja considerado realmente aberto é necessário que alguns requisitos sejam atendidos, conforme veremos na próxima seção.

1.3 O QUE SÃO DADOS ABERTOS?

Existem várias definições sobre o que são dados abertos. Uma definição amplamente aceita é a utilizada pela *Open Knowledge International* (https://okfn.org). Segundo Dietrich e colegas [8], d*ados abertos são dados que podem ser livremente usados, reutilizados e redistribuídos por qualquer pessoa, sujeitos, no máximo, à exigência de atribuição da fonte e compartilhamento pelas mesmas regras.* Estes mesmos autores afirmam que, para serem considerados realmente abertos, os dados devem ser preferencialmente gratuitos e estar disponíveis de forma conveniente e modificável (ou seja, usando padrões abertos). Os dados também devem ser fornecidos sob termos que permitam a sua reutilização e redistribuição, inclusive permitindo a sua combinação com outros conjuntos de dados. Também não devem acarretar discriminação contra áreas de atuação ou contra pessoas ou grupos.

Dados realmente abertos, por exemplo, não deveriam aplicar restrições quanto ao uso comercial ou para certos fins (ex.: restrição quanto a utilização somente para fins educativos). Essas restrições afastam-se do conceito de *aberto* [9].

Para melhor esclarecer o que são dados abertos, Tim Berners-Lee (vide http://5stardata.info/) propôs um esquema de classificação usando estrelas. Dados abertos podem ser classificados de 1 a 5 estrelas se atenderem, cumulativamente, os seguintes requisitos:

★ Disponibilidade na Internet sob uma licença aberta.

★★ Publicação usando um formato estruturado e que permita edição. Ou seja, arquivos PDF não fazem jus a duas estrelas, mas planilhas sim.

★★★ Uso de formatos não proprietários. Isto é, uma planilha Excel não merece três estrelas, mas um arquivo CSV sim.

★★★★ Identificação usando endereços (URIs), para que o conteúdo dos possa ser referenciado e conectado via *WWW*.

★★★★★ Estruturação contendo *links* para outros dados e identificação que permita referência a partir de outros dados, provendo, desse modo, um contexto que possibilite sua interpretação inequívoca.

Cabe reforçar que para receber cinco estrelas, um conjunto de dados deve cumprir os requisitos de todos os quatro níveis anteriores. A Fig. 1.1 ilustra o modelo de Tim Berners-Lee.

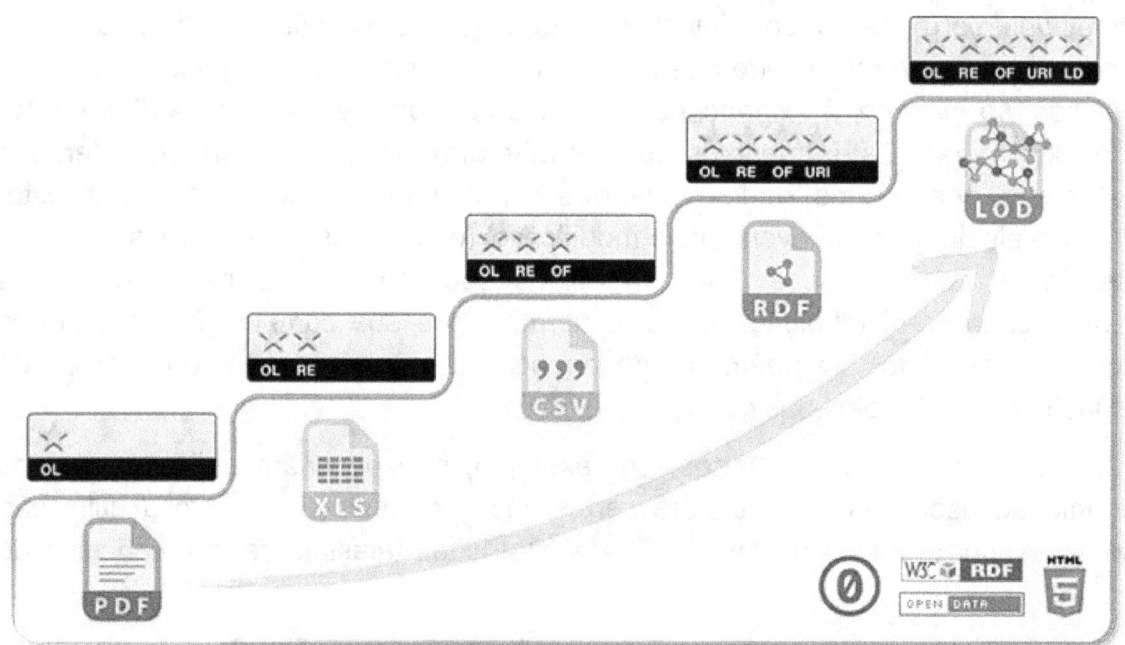

Figura 1.1. Representação do modelo 5 estrelas de dados abertos, proposto por Tim Berners-Lee (imagem de domínio público disponível em http://5stardata.info/en).

Tornar os dados livres seguindo essa caracterização pode ter impactos positivos tanto para o setor público, quanto para o privado. Alguns dos possíveis benefícios são:

- Transparência, auditabilidade e, consequentemente, maior confiança no setor ou serviço que publica os dados.

- Melhor fluxo de informação interno em instituições, evitando assim retrabalho e o uso de informação incompleta na tomada de decisões.

- Economia de tempo com respostas aos clientes, pois os dados podem ser facilmente encontrados.

- Monitoração e colaboração positiva da população ou da mídia sobre assuntos de interesse para a comunidade.

Quanto mais entidades apoiarem a cultura *Open* e disponibilizarem dados abertos, mais dinâmicas e maduras podem se tornar as instituições que utilizarem esses dados, criando oportunidades para inovação de serviços e para a criação de novos ecossistemas de negócios. Por exemplo, para casos de emergência médica, empreendedores podem criar aplicativos para recomendar hospitais baseados no número de leitos e nas especialidades disponíveis em cada hospital.

Quanto mais instituições públicas e privadas publicarem dados abertos de maneira apropriada, ou seja, dados com cinco estrelas (★★★★★), mais aplicações e novas empresas poderão ser criadas. A consultoria McKinsey publicou em 2013, um relatório no qual estima o tamanho do mercado para inovação baseada em dados abertos em 3 trilhões de dólares [10]. A estimativa leva em consideração apenas fatores tangíveis, como a economia em processos internos de escolas, mas não os benefícios intangíveis, como o impacto na sociedade de se ter escolas mais eficientes.

1.4 EXEMPLOS

Esta seção enumera alguns projetos baseados em dados abertos. Foram escolhidos exemplos de projetos das áreas de transparência financeira, dados do setor público e aplicação no setor privado.

- **Portal da Transparência**. O governo federal brasileiro instituiu uma série de medidas visando aumentar a visibilidade dos gastos públicos a partir da lei da transparência. A principal medida foi a implementação do Portal da Transparência (transparencia.gov.br), que oferece uma visão dos gastos públicos ao cidadão. O Portal é percebido pelos usuários como uma forma eficaz de controle dos gastos públicos [11]. Iniciativas similares têm sido implantadas nas esferas estaduais (*p.ex.* transparencia.sp. gov.br) e municipais (*p.ex.* transparencia.prefeitura.sp.gov.br).

    Outro desdobramento da Lei da Transparência foi a criação do Portal Brasileiro de Dados Abertos (dados.gov.br) utilizado para disponibilizar não apenas dados financeiros, mas também dados gerais de interesse público. A partir da publicação do decreto sobre Dados Abertos, todas as instituições federais foram obrigadas a elaborar um plano de dados abertos e criar e manter um portal destinado a hospedar esses dados. Por exemplo, o portal da Universidade Federal de São Paulo pode ser acessado em http://dadosabertos.unifesp.br. A maioria desses portais são baseados na ferramenta CKAN, um software livre para gerenciamento de dados abertos, disponível em https://ckan.org/.

- **Open Data Lombardia**. A Lombardia é uma região do norte da Itália composta por 40 cidades, sua capital é a cidade de Milão e nela habitam cerca de 10 milhões de pessoas. O portal de dados abertos da Lombardia foi criado em 2012 a partir de uma resolução regional que visava a modernização da gestão e de serviços públicos. Disponível em http://agendadigitale.rl2.it/wp-content/uploads/ 2011/12/DGR-2585.pdf.

    O portal, que pode ser acessado a partir de www.dati.lombardia.it, visa disponibilizar dados de interesse público, de forma explícita, com alta qualidade e gratuitamente. O portal completou recentemente 6 anos e conta com mais de 5.000 *datasets* organizados em várias categorias (transporte, saúde, educação, esportes etc.). Muitos desses conjuntos de dados são periodicamente atualizados [12]. Uma das principais vantagens da implantação desse tipo de portal é aumentar a capacidade de descoberta de informação pelos usuários do portal, incluindo cidadãos individualmente.

    Diferentemente do Portal Brasileiro de Dados Abertos que mantém sua própria estrutura usando CKAN, o portal Open Data Lombardia utiliza o software de gerenciamento de dados abertos da empresa Socrata (https://socrata.com/). A plataforma é especializada em órgãos públicos (municipais, estaduais e federais) e oferece interfaces para a publicação de *datasets*, bem como ferramentas para navegação sobre os dados e criação de relatórios. Socrata é a empresa líder nesse nicho. Além do Open Data Lombardia, a empresa conta com diversos outros casos de sucesso, como o NYC Open Data (https://opendata.cityofnewyork.us, Nova York, Estados Unidos da América) e o Centro de Integracíon Cidadana (CIC, https://data.cic.mx, Monterrey, México).

- **Na iniciativa privada**. O uso de dados abertos é menos comum na iniciativa privada, mas têm surgido modelos de negócio em que os dados abertos desempenham uma função fundamental. Basicamente, existem duas abordagens para o uso de dados abertos em empresas privadas:

    1. Oferecer dados abertos como uma garantia da qualidade do produto e como um comprovante disponível para verificação pelos consumidores;
    2. Criar um ambiente ou ecossistema de conhecimento sobre o produto, que serve aos clientes como um diferencial da marca.

Apesar de existir um aparente conflito entre os conceitos de lucro e de dados abertos, a disponibilização de dados abertos pode agregar confiança e criar ecossistemas de colaboração em torno de produtos e serviços comercializados. Por exemplo, a empresa Grom (https://www.grom.it/en) é uma cadeia de sorveterias italianas que oferece como principal diferencial o fato de utilizar apenas produtos naturais na confecção dos seus produtos. Para reforçar junto aos clientes essa estratégia, a empresa pública detalhes de sua cadeia de fornecedores e de distribuição. Mais recentemente, esta empresa também investiu em fazendas orgânicas próprias. A estratégia da Grom não é exatamente a de publicar dados de maneira aberta, mas consiste em expor abertamente detalhes do seu processo de produção, aumentando a confiança dos clientes em sua marca. No Brasil, o modelo de negócio baseado em produção própria e transparência foi implementado pela cadeia de restaurantes Madero (https://www.restaurantemadero.com.br). A estratégia de oferecer transparência sobre os meios de produção tende a ganhar impulso com novas tecnologias, tais como Internet das Coisas e Blockchain, pois essas tecnologias podem facilitar o rastreamento de mercadorias das cadeias de produção.

A empresa Syngenta (https://www.syngenta.com) é outro exemplo de uso de dados abertos para criação de um ecossistema de colaboração. A empresa produz e comercializa sementes e produtos para a produção em larga escala de alimentos. Ela publica os dados sobre o crescimento e cultivo dos grãos por ela comercializados e incentiva os produtores a compartilhar os dados de crescimento de suas próprias plantações. Desse modo, ao criar um ecossistema colaborativo em torno dos dados do seu produto, as empresas oferecem mais informações sobre os seus produtos e obtém mais dados para pesquisa e aprimoramento de suas soluções. Várias empresas e *startups* atualmente exploram modelos de negócio baseados em dados abertos, principalmente usando dados abertos provenientes do setor público [13-15].

1.5 INOVAÇÃO COM DADOS ABERTOS

A primeira questão para a construção de um projeto de inovação é: qual problema se deseja resolver? A segunda questão, caso se pretenda construir um projeto apoiado nos princípios e conceitos de dados abertos, é: de que maneira os dados abertos podem alavancar a resolução do problema identificado?

Tendo respostas para estas questões, deve-se avaliar a disponibilidade e qualidade dos dados para resolver o problema selecionado. Além disso, é essencial validar com potenciais usuários, o mais breve possível, se o novo serviço inicialmente idealizado realmente agrega valor ao seu dia a dia.

Projetos empreendedores fundamentados em dados abertos tratarão da produção e/ou consumo de dados abertos. Todo projeto contará com uma ou mais fontes de dados. O publicador de dados pode ser um órgão público, um ente privado, uma organização não governamental, um indivíduo, ou, cada vez mais, um sensor de Internet das Coisas. A partir destes dados serão criados serviços com valor agregado. É importante lembrar que, por menor que seja, sempre há um custo implícito nas atividades de coleta e tratamento de dados.

No caso de órgãos públicos, o custo é normalmente assumido pelas instituições como parte de sua atividade. Para empresas privadas, contudo, é fundamental encontrar um retorno financeiro que garanta a sustentabilidade da iniciativa. Esse retorno pode ocorrer, por exemplo, através do reforço de uma marca. A IBM, por exemplo, fez uma grande mudança de estratégia comercial nos anos 90 ao migrar suas plataformas de desenvolvimento de ambientes fechados para ambientes abertos, diferenciando-se, assim, no mercado de fornecedores de solução de serviços e de software.

Um exemplo de projeto com retorno financeiro direto é o modelo da empresa Google. Em seu buscador, a empresa transforma dados brutos e disponíveis abertamente na Internet em um produto com alto valor agregado: uma lista de *sites* ordenada segundo a relevância do que se está sendo buscado. O serviço é financiado, dentre outras fontes, por publicidade e venda de espaço na página do serviço. A Google também aplica variações desse modelo nos produtos Maps e YouTube.

Mas nem todos os serviços abertos conseguem estabelecer-se sobre modelos sustentáveis. Algumas iniciativas associadas ao princípio de dados abertos sofrem por falta de um fluxo constante de recursos. Um caso de destaque – e sucesso – é o da enciclopédia Wikipedia. Criada em 2001, sua fonte principal de recursos são doações. Atualmente, a fundação arrecada aproximadamente 70 milhões de dólares por ano em doações e planeja criar um fundo financeiro de 100 milhões de dólares para amenizar flutuações no seu financiamento [16]. Vide https://wikimediafoundation.org/wiki/Financial_reports e em formato CSV em https://frdata.wikimedia.org/.

Projetos pequenos e de escopo local, entretanto, na maioria das vezes, apoiar-se-ão sobre a colaboração voluntária. Uma discussão sobre o planejamento financeiro de projetos de coleta de dados foi publicada pela Fundação Open Data Watch [17]. O relatório aponta, dentre outros fatores, a necessidade de se refinar os modelos de colaboração para que se possa dimensionar, com antecedência e clareza, os benefícios dos projetos de dados abertos.

Uma vez entendidos os modelos de colaboração, torna-se possível estabelecer parcerias e projetos sólidos e sustentáveis [18]. De fato, a importância de dados abertos é clara, mas ainda não sabemos dimensionar ou quantificar essa importância; ironicamente, por falta de dados. Tomemos a transparência do orçamento público como exemplo: dados abertos sobre os gastos públicos potencializa o controle sobre esses gastos. Em termos objetivos, entretanto, a cada R$ 1,00 investido em transparência de dados, quanto se obtém de retorno? Ainda não há métricas e indicadores claros sobre isso, é preciso avançar nesse sentido. Essa falta de clareza pesa negativamente em nossa capacidade de propor novos modelos de negócio e inovar usando dados abertos.

1.6 DADOS ABERTOS E PRIVACIDADE

Existe uma clara tensão entre dados abertos e privacidade: um expõe informações, enquanto o outro às deseja fechadas.

Uma das premissas para que um dado seja considerado aberto é ser distribuído segundo uma licença não restritiva (estrela 1). Entretanto, é fundamental que a disponibilização dos dados não infrinja direitos individuais de privacidade, como recentemente previu a Lei de Proteção de Dados [7]. Em suma, nenhum dado que identifique usuários pode ser divulgado abertamente sem a explícita permissão do dono dos dados, o usuário.

Nem sempre é fácil determinar o direito de posse de uma informação. Um exemplo disso são fotos de satélite. O serviço de mapas da empresa Google disponibiliza fotos de satélite do mundo todo. Em áreas densamente populadas as imagens são de alta qualidade e permitem visualizar espaços privados, como quintais de propriedades muradas, o que pode ser interpretado como uma invasão de privacidade. Apesar do acesso aos dados ser gratuito e consistir em um serviço com utilidade pública, a Google gera renda com anúncios ao disponibilizar esse conteúdo. Quem seria o dono dessa informação? O lucro não deveria ser compartilhado entre operadores do serviço e os donos da informação?

A mesma pergunta pode ser feita sobre outros serviços de busca em larga escala, como o Google.com e o Bing, da empresa Microsoft. A polêmica sobre a privacidade gira em torno da dificuldade de se definir direitos de propriedade dos dados e a linha tênue entre privacidade individual e interesse público.

1.7 CONSIDERAÇÕES FINAIS

Este texto discutiu o conceito de Dados Abertos e suas aplicações, buscando evidenciar o potencial deste conceito para a inovação e para a criação de novos produtos.

Para os próximos anos, espera-se o amadurecimento técnico dos padrões e produtos para publicação de dados abertos e a maior conscientização do público em geral a respeito do potencial da cultura *Open*. Novas ferramentas devem surgir para facilitar a publicação, o gerenciamento e a integração de informações abertas. Com o avanço dessas ferramentas, também devem surgir novas técnicas para lidar com as questões de proteção da privacidade. O amplo uso de dados abertos também deve ser impulsionado pelo crescimento de aplicações de Internet das Coisas e de projetos de Cidades Inteligentes [19].

Ao leitor, por fim, deixamos o desafio de identificar novas oportunidades baseadas no uso de dados abertos. Sua empresa possui dados que podem ser disponibilizados? Quais novos serviços ou benefícios poderiam ser criados a partir da disponibilização apropriada desses dados?

Para saber mais sobre Dados Abertos sugerimos como leitura básica o livro de Isotani e Bittencourt [9]. Além disso, o leitor pode encontrar ampla literatura sobre o assunto nos seguintes portais: Open Knowledge International (vide https://okfn.org) e Open Data Institute (vide https://theodi.org). Também estão disponíveis cursos *online* sobre *Open Data*, um deles é oferecido na plataforma EdX pela universidade holandesa Delft University of Technology. O curso trata sobre *Open Government*, isto é, explora os benefícios obtidos quando governos e sociedade civil adotam as práticas *Open*. O curso pode ser acessado em https://www.edx.org/course/open-government.

REFERÊNCIAS

[1] Henry Chesbrough. *Open business models: How to thrive in the new innovation landscape*. Harvard Business Press, 2006.

[2] Out of the box. The Economist, November 2015. 21 November 2015.

[3] White House. Memorandum on transparency and open government. https://www.white house.gov/sites/whitehouse.gov/files/omb/memoranda/2009/m09-12.pdf, 2009.

[4] Brasil. Lei sobre transparência de gastos públicos. Disponível em http://www.planalto.gov.br/ CCIVIL 03/leis/LCP/Lcp131.htm, acessado em janeiro de 2019., 2009.

[5] Brasil. Marco legal da internet. Disponível em http://www.planalto.gov.br /ccivil_03/_ato2011-2014/2014/lei/l12965.htm, acessado em janeiro de 2019., 2014.

[6] Brasil. Política de dados abertos do poder executivo federal. Disponível emhttp://www.planalto.gov.br/CCIVIL_03/_Ato2015-2018/2016/ Decreto/D8777. htm, acessado em janeiro de 2019., 2016.

[7] Brasil. Lei sobre proteção de dados pessoais. Disponível em http://www.planalto.gov.br/ ccivil_03/_ato2015-2018/2018/lei/L13709.htm, acessado em janeiro de 2019., 2018.

[8] Daniel Dietrich, Jonathan Gray, Tim McNamara, Antti Poikola, P Pollock, Julian Tait, and Ton Zijlstra. Open data handbook, 2009.

[9] Seiji Isotani and Ig Ibert Bittencourt. *Dados Abertos Conectados: Em busca da Web do Conhecimento*. Novatec Editora, 2015.

[10] James Manyika, Michael Chui, Peter Groves, Diana Farrell, Steve Van Kuiken, and Elizabeth Almasi Doshi. Open data: Unlocking innovation and performance with liquid information. *McKinsey Global Institute*, page 21, 2013.

[11] Felipe Ribeiro Freire and Carlos Marcos Batista. Como o cidadão avalia o portal? um estudo com os usuários do portal da transparência do governo federal. *Revista da Controladoria-Geral da União*, 8(13):31, 2016.

[12] Luca Augello, Antonio Barone, Daniele Crespi, Michele Ercolanoni, Ferdinando Ferrari, Matteo Giacomo Jori, Luca Merlino, Simone Paolucci, and Francesca Romana Rossi. Open data in the health context. *EJBI*, 12(2), 2016.

[13] Calvin ML Chan. From open data to open innovation strategies: Creating e-services using open government data. In *System Sciences (HICSS), 2013 46th Hawaii International Conference on*, pages 1890–1899. IEEE, 2013.

[14] Gustavo Magalhães, Catarina Roseira, and Laura Manley. Business models for open government data. In *Proceedings of the 8th International Conference on Theory and Practice of Electronic Governance*, pages 365–370. ACM, 2014.

[15] Judie Attard, Fabrizio Orlandi, Simon Scerri, and Sören Auer. A systematic review of open government data initiatives. *Government Information Quarterly*, 32(4):399–418, 2015.

[16] The Guardian. Wikipedia launching $100m fund to secure long-term future as site turns 15. https://www.theguardian.com/technology/2016/jan/15/ wikipedia-fund-future, 2016. Accessed: 2017-08-07.

[17] Open Data Watch. The state of development data funding. http://opendatawatch.com/wp-content/uploads/2016/09/development-data-funding-2016.pdf, 2016. Accessed: 2017-07-07.

[18] Niels Keijzer and Stephan Klingebiel. Realising the data revolution for sustainable development: Towards capacity development 4.0. https://ssrn.com/abstract=2943055, 2017. Accessed: 2017-08-07.

[19] Adegboyega Ojo, Edward Curry, and Fatemeh Ahmadi Zeleti. A tale of open data innovations in five smart cities. In *System Sciences (HICSS), 2015 48th Hawaii International Conference on*, pages 2326–2335. IEEE, 2015.

Capítulo

2

Crowdfunding e o Desenvolvimento de Inovação Social

Iraci de Souza João-Roland
Instituto de Ciência e Tecnologia, Universidade Federal de São Paulo - Unifesp

Abstract

Social innovation (SI) aims to provide new solutions to social needs and challenges through entirely new or pragmatic recombination of existing knowledge domains. One of the pillars of social innovation is the participation of stakeholders in the SI development process. Thus, this chapter explores the use of crowdfunding not only for funding purposes but also in the mapping and selection of ideas, knowledge mobilization, development, evaluation, and propagation of social innovation.

Resumo

A inovação social (IS) é aquela que visa dar novas respostas às necessidades e desafios sociais, por meio de novos ou recombinação pragmática de domínios de conhecimento existentes. Um dos pilares da inovação social é a participação dos interessados no processo de desenvolvimento da IS. Assim, esse capítulo explora a utilização do crowdfunding tanto no financiamento quanto no mapeamento e seleção de ideias, mobilização do conhecimento, desenvolvimento, avaliação e difusão da inovação social.

2.1 INTRODUÇÃO

Nascido da junção das palavras em inglês "*crowd*" (multidão) e "*funding*" (financiamento), o termo *crowdfunding* ou financiamento coletivo, popularmente apelidado de "vaquinha online" consiste em uma chamada aberta realizada essencialmente pela internet com o objetivo de arrecadar recursos financeiros para apoiar um fim específico, sendo que a contribuição pode ocorrer na forma de doação ou em troca de algum tipo de recompensa/participação [1]. A prática está associada ao *crowdsourcing*, que é um processo de coprodução (obtenção de ideias, conteúdo ou até mesmo serviços) envolvendo a participação ativa de comunidades virtuais, ou seja, indivíduos, consumidores ou clientes são chamados para contribuírem com o processo de criação de valor.

O modelo *crowdsourcing* tem como base os ganhos de escala proporcionados pelo envolvimento da "multidão" na resolução de problemas, seja como financiador e/ou solucionador de desafios. Ou seja, ao envolver um número extremamente grande de pessoas, aumenta-se a probabilidade de se encontrar respostas e/ou viabilizar o desenvolvimento de um produto inovador, por exemplo. Dessa forma, se as economias de escala são possíveis e se o aprendizado na forma de conhecimento e informação é 'realimentado' na multidão, pode ser possível aumentar exponencialmente a taxa de aprendizagem e solução de problemas [2]. O movimento de software livre é um exemplo dessa prática.

Nesse sentido, o uso de *crowdfunding* e *crowdsourcing* pode gerar novas possibilidades para resolver problemas sociais que não são atrativos/ lucrativos para as empresas tradicionais explorarem [2]. A partir dessa ótica, neste capítulo será abordado especificamente as potencialidades do uso do *crowdfunding* no desenvolvimento de inovação social. Explorar a temática *crowdfunding* é estimulante pois mostra como um mundo mais social e interconectado vem permitindo o desenvolvimento de inovações na atualidade, bem como impulsionando a geração de futuras soluções para as demandas sociais [3].

No modelo de *crowdfunding* os financiadores e promotores são conectados diretamente via uma plataforma online, portanto, representa a desintermediação do mercado financeiro, figura tradicional no ambiente de inovação e empreendedorismo [4]. Essa mudança radical, ao oferecer outros mecanismos de financiamento, tornou-se uma maneira de democratizar o acesso ao capital necessário para inovar [3].

A inovação social (IS) por sua vez, é o tipo de inovação desenvolvida a partir da identificação das necessidades/ desafios sociais, orientada para promover bem-estar social, e por isso gera mudanças sociais, econômicas e ambientais em nível local e global. A IS é operacionalizada por agentes de três áreas: sociedade civil, Estado e empresas, que, juntos, formam o quarto setor, atravessando fronteiras organizacionais e setoriais, em um processo de cocriação e gestão participativa, utilizando a tecnologia como facilitadora da inovação, e tem como resultado a geração ou melhoria de produtos, serviços, normas, regras, procedimentos, modelos, estratégias e programas, que, por sua vez, contribuem para melhoria da qualidade de vida, podendo ser lucrativa ou não [5].

Em conjunto, *crowdsourcing*, *crowdfunding* e IS são componentes de um modelo relativamente autossustentável de inovação social [2], uma vez há forte necessidade de "se fazer as coisas de forma diferente" [6] das atuais soluções de mercado, que, ao longo do tempo, se mostraram inadequadas na promoção do bem-estar social [7] e o sistema tradicional de inovação é limitado pelas estruturas dos mercados e pela necessidade de atender aos critérios de lucratividade [2].

A seguir serão apresentadas as definições de *crowdfunding* e IS e posteriormente, será explorado a utilização do *crowdsourcing* tanto no financiamento quanto na coleta, seleção e desenvolvimento da ideia que se tornará a inovação social, bem como sua posterior difusão.

2.2 CROWDFUNDING

O *crowdfunding* é um modelo de investimento recente, sendo definido em 2010 por Lambert e Schwienbacher. A premissa do *crowdfunding* é viabilizar o desenvolvimento de uma ideia / empreendimento por meio da captação de recursos de diversos investidores individuais em troca de remuneração ou benefícios associados ao projeto, sendo operacionalizado via plataforma online que divulga a proposta e capta os investimentos [8].

Por meio de pequena colaboração monetária de um número relativamente grande de indivíduos, reduz-se ou elimina-se a necessidade de intermediação de organizações financeiras padrão como bancos, fundos de investimento, investidor anjo etc., viabilizando projetos que poderiam ou não ter apoio sob um modelo mais convencional de financiamento [8-10].

Portanto, o *crowdfunding* expande as fronteiras, pois tem sido utilizado para financiar os mais diversos objetivos como filantropia, organizações não governamentais (ONG), cultura, atletas, ativismo, games, pequenos negócios, campanhas eleitorais entre outros interesses coletivos. Ao pulverizar o investimento, ou seja, ter pequenas quantias investidas por muitas pessoas, o *crowdfunding* também pode diminuir os riscos de investimentos dos investidores e consequentemente contribuir para o aumento do interesse em investir. Por fim, o formato online possibilitou ao *crowdfunding* expandir fronteiras geográficas e permitir a participação de qualquer investidor independente de sua localização.

Há quatro modalidades de *crowdfunding* [8, 11], que se diferenciam pela forma de recompensa aos colaboradores:

1) Doação, em que se realiza uma contribuição financeira para projetos de caridade e atividades não orientadas ao lucro, não ocorrendo a obrigatoriedade de contato após o ato. No Brasil, por exemplo, é possível contribuir com o financiamento de um tratamento de saúde por meio do website Vakinha (http://www.vakinha.com.br);

2) Recompensa e pré-compra, em que pode envolver alguma forma de recompensa e/ou direito de voto aos apoiadores da iniciativa [1]. Em geral a recompensa depende do grau de contribuição, podendo envolver notas de agradecimento, brindes, e outras pequenas figuras de apreciação. Já a pré-compra consiste no oferecimento do material produzido pela organização/ empreendedor apoiado. No Brasil, a campanha do Kit Estrutural Mola na plataforma Cartase é um exemplo. Ocorrida em duas edições, foi oferecido o produto desenvolvido por meio da campanha para os apoiadores que doaram R$ 350,00 ou mais na primeira edição e R$ 415,00 ou mais na segunda campanha. O Kit estrutural Mola é composto de diversas peças utilizadas para simular o comportamento de estruturas arquitetônicas. A sua produção em escala comercial demandava um alto investimento e o *crowdfunding* foi a alternativa encontrada para viabilizá-la. Em sua primeira edição a campanha bateu todos os recordes de arrecadação da plataforma Cartase, com 1.254 apoiadores, captando mais de R$ 600 mil (1.206 % da meta inicial). Em um segundo momento o projeto contou com 1.082 investidores e arrecadou 200 % da meta inicial de R$ 350 mil.

3) Empréstimos, em que montantes são solicitados em websites para que o tomador do empréstimo possa iniciar ou expandir um negócio, ir à escola ou ter acesso a energia limpa, por exemplo. Essa modalidade pode envolver ou não o pagamento de taxas de juros, como no crédito bancário tradicional, sendo que nesse caso, as transações são mediadas por instituições como o Paypal. O website Kiva é um exemplo desse tipo de *crowdfunding*, pois oferece opções de microfinanciamento a 82 países, inclusive o Brasil. Para tal, o tomador de empréstimos recebe uma classificação de risco de inadimplência (de zero a cinco) e o financiador pode emprestar a partir de 25 dólares, escolher a região/organização/ causa a ser apoiada. No Brasil, o Banco do Povo Crédito Solidário, Novica, Impact Hub e Yunus Social Business (YSB) são as instituições que podem receber crédito via o Kiva.

4) Equidade (equity crowdfunding), em que há distribuição de dividendos para os investidores. No Brasil, a plataforma Eusocio (http://www.eusocio.com.br) é um

exemplo, funcionando como um elo entre investidores e empresas. Estas devem apresentar CNPJ, time constituído, plano de negócios e projeções financeiras e aqueles (investidores) precisam demonstrar conhecimento sobre a dinâmica do mercado de capital de risco. O investimento pode variar entre mil e 2,4 milhões de reais.

Outra característica do *crowdfunding* é o estabelecimento de metas financeiras e temporais. Assim, o indivíduo ou organização que deseja receber o financiamento coletivo deve estimar os custos do desenvolvimento da ideia/ projeto e posteriormente elaborar uma campanha com as características do projeto e com a meta financeira desejada. A campanha será divulgada pela plataforma online durante um período aproximado de 30 ou 60 dias em média, variando conforme as regras da plataforma, ou seja, a realização de uma campanha de *crowdfunding* é orientada por metas temporais e financeiras [12].

No tocante às metas financeiras, há dois tipos de *crowdfunding*: flexível e do tipo tudo ou nada. No primeiro modelo, o idealizador da campanha recebe todo o investimento arrecadado independentemente do valor inicial estipulado. Já no segundo tipo, como o próprio nome diz, a meta financeira pode ser uma barreira, uma vez que o demandante só receberá o valor arrecadado se a meta for atingida ou superada. Dessa forma, algumas campanhas utilizam-se do recurso informal de metas estendidas, estipulando inicialmente uma quantia mínima necessária para a realização do projeto e após o seu atingimento, adiciona-se novas metas e recompensas para continuar a estimular a contribuição coletiva durante a vigência da campanha [12].

A Fig. 2.1 apresenta o processo de captação de recursos via financiamento coletivo, bem como as principais decisões que devem ser tomadas em cada etapa. O processo é iniciado com a ideia e o planejamento da campanha, posteriormente o projeto é divulgado em um plataforma online de *crowdfunding* e difundido por meio das redes sociais dos executores da campanha e investidores, posteriormente, se as metas financeiras foram atingidas (caso contrário o dinheiro retorna aos investidores ou é revertido a outras campanhas), o projeto é realizado, recompensas, quando prometidas, são enviadas e a empresa estabelece rede com os investidores do *crowdfunding*.

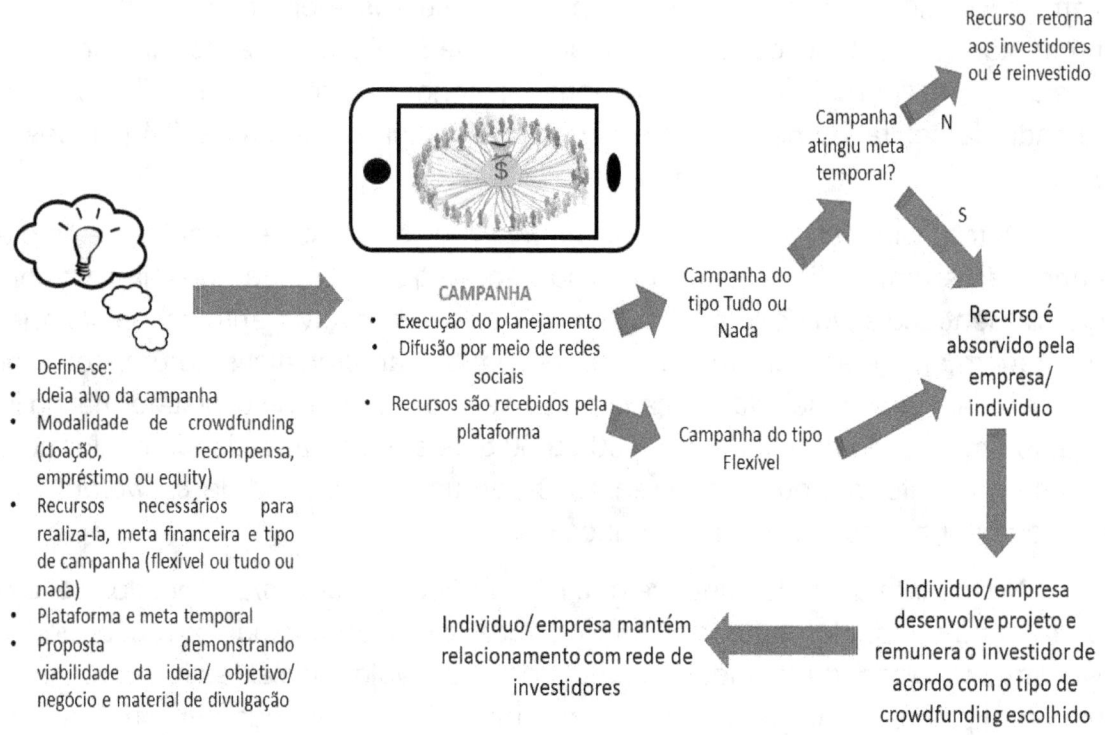

Figura 2.1. Processo de captação de recursos via financiamento coletivo. Adaptado de [8]

2.3 INOVAÇÃO SOCIAL

A pesquisa de [13] apresenta-se como pioneira na discussão sobre IS, contudo levou-se 30 anos para se registrar um aumento significativo de pesquisas na área [14]. Uma maneira de se entender a IS é compará-la com a inovação tecnológica evidenciando as principais diferenças entre elas. Após revisão de literatura, [27] elencou seis pontos de reflexão que ajudam a explicar inovação social a partir da forma que ela se difere da inovação tradicional. O primeiro deles é o objetivo, uma vez que a inovação tecnológica visa capturar valor para seus desenvolvedores, já a IS tem como propósito a geração de valor social. Entende-se por geração de valor social a remoção de barreiras que dificultem a inclusão, a ajuda àqueles que, temporariamente, se encontram vulneráveis e a mitigação das externalidades negativas advindas da atividade econômica.

Dessa forma, os valores norteadores também são diferentes, enquanto a inovação tradicional é orientada por princípios econômicos como aumento da produtividade e lucratividade, redução de custos, inserção em novos mercados consumidores e lucros de monopólio, o desenvolvimento da IS é guiado pela preocupação com geração de bem-estar social, o aumento da qualidade de vida, a inclusão social e a solidariedade.

O processo de geração da inovação também apresenta diferença significativa, pois no modelo tradicional a empresa/ inovador busca interação com o meio externo com o objetivo de obter conhecimentos, recursos, tecnologias e identificar demandas latentes. Já a IS não acontece em "laboratórios" ou "escritórios", mas no nível da prática social [22] que envolve dependência mútua, cooperação, confiança, forte envolvimento entre inovador e beneficiário (coprodução), aprendizado coletivo, e onde novas relações sociais são criadas [28]. Dessa forma, os *stakeholders* também são diferentes, uma vez que o inovador tradicional visa principalmente atender aos interesses da empresa patrocinadora da inovação, já na IS a relação é mais complexa, pois há diversos interessados, e a IS tem a necessidade de satisfazer ao interesse da empresa, da comunidade, dos doadores, dos voluntários, do governo etc., ou seja, se faz-se essencial gerenciar prioridades diferentes e até conflitantes em alguns momentos [6].

As duas últimas diferenças estão nas etapas finais do processo de inovação: mensuração de resultados e proteção do conhecimento. Enquanto o sucesso da inovação tecnológica é verificado por meio de indicadores como número de patentes, participação de mercado (*marketshare*) e lucratividade, a mensuração do impacto da geração da inovação social ainda é um tema em discussão, com número crescente de publicações, mas ainda sem um consenso sobre métricas e metodologia.

Por fim, a proteção de conhecimento é uma temática que provoca dissensão entre os inovadores sociais. Alguns defendem que o retorno do investimento no desenvolvimento da IS está em fazer uma mudança no mundo, e por isso não deve resultar no monopólio do conhecimento [29], já outros argumentam que patentes ajudam na divulgação da tecnologia, bem como impedir terceiros de utilizar a inovação social com outros fins que não os sociais. Na inovação tecnológica por sua vez, a proteção do conhecimento e a utilização de patentes para garantir a exclusividade de exploração de mercado e consequentemente lucros de monopólio é um consenso.

Assim, a IS é vista como uma nova ideia, novos conhecimentos ou tecnologias empregadas em novas maneiras de melhorar as circunstâncias sociais; e/ou recombinação pragmática de domínios de conhecimento existentes em novas maneiras de atender os objetivos sociais [15] portanto o ineditismo da IS pode estar tanto na tecnologia empregada quanto na abordagem do problema, sendo assim, pode ser considerada uma inovação social aquela solução para um problema social que é mais eficaz, eficiente e sustentável, ou apenas que gere maior valor que as práticas existentes, e que os resultados alcançados sejam auferidos por toda a sociedade em vez de particulares [16].

Entendida dessa forma, a IS pode acontecer na forma de um novo produto, novo processo, nova abordagem mercadológica ou organizacional. Também pode ter impacto radical na sociedade ou configurar-se como uma melhoria incremental, portanto o que difere a IS das demais é a motivação pelo objetivo de satisfazer uma necessidade social [17].

Uma abordagem interessante para se definir IS é sob o prisma da gestão da inovação, uma vez que esse recorte responde questionamentos do tipo: como, onde, por quem e por quê. A partir do entendimento clássico do processo de inovação em que se parte de várias ideias e conhecimentos que são desenvolvidos para originar a inovação, o processo é semelhante a um funil, pois muitas das descobertas geradas não são levadas adiante e, por isso, podem ser descartadas, comercializadas ou se tornarem base de outros projetos. Da mesma forma, a organização pode buscar recursos humanos e materiais externamente, e finalmente tem-se um produto inédito que é levado até o mercado. Buscou-se aqui discorrer sobre inovação social a partir das fases do processo: mapeamento, a seleção de ideias e a mobilização de conhecimento para sua geração.

A fase de Mapeamento tem o objetivo de identificar demandas sociais que poderão ser trabalhadas por meio da inovação social, bem como os agentes que serão responsáveis por esse processo, portanto, a inovação social é puxada, pois tem como ponto de partida um problema social. Uma completa execução do mapeamento passa por três momentos distintos: I) identificação de carências/ problemas sociais e necessidade de mudança podendo ocorrer por meio do monitoramento de redes sociais, sendo essa uma prática indicada para identificar tendência (demanda social) [6], e pelo envolvimento dos potenciais usuários da IS no processo; II) mobilização da rede para desenvolvimento da inovação social (grupo de potenciais beneficiários, organizações de apoio, empresas tradicionais e/ou governo) e III) identificação das causas do problema social, em que parte-se para identificação das raízes do problema, ou seja, a inovação social vai além do tratamento dos sintomas observados (efeitos indesejáveis), pois, somente assim, a inovação social irá gerar mudança de impacto duradouro [6, 7, 18].

Na etapa anterior, muitos problemas sociais serão mapeados, porém, devido a fatores como recursos e missão, nem todos serão desenvolvidos, e, portanto, definir qual(is) dele(s) será(ão) de responsabilidade da organização/empresa é função da etapa de Seleção. Essa fase deve ser realizada pela organização que irá desenvolver a IS, pois demanda uma análise a partir de sua missão, capacidade e competências [15], e pelos investidores, devido à necessidade de se aliar sustentabilidade financeira a IS [7].

Para o desenvolvimento da IS, pode se fazer necessária a Mobilização do Conhecimento e Experiências. Essa pode ocorrer tanto internamente por meio da exploração dos conhecimentos, experiências e habilidades da equipe [19] como externo via *crowdsourcing*.

Em paralelo à mobilização do conhecimento, e após a seleção da tendência a ser trabalhada, ocorre a fase de Implantação. Para essa etapa, além do trabalho conjunto entre todos os envolvidos no processo, recomenda-se a criação de comitês de decisão para garantir o caráter participativo do processo e o monitoramento do comprometimento dos integrantes do processo, já que a fase de desenvolvimento é o meio do processo, e fatores como tempo e dificuldade de relacionamento interpessoal podem ter abalado a motivação inicial para a geração da inovação social. No tocante aos recursos financeiros, pode-se adotar o financiamento coletivo e atribuir à sociedade o papel de financiadora da mudança social que ela demanda.

Após o desenvolvimento da invenção social, ela passará por um período de melhoria, bem como de Avaliação de seus impactos para os usuários, empresa, rede, ambiente e sociedade como um todo [20- 21]. Por fim, a inovação social é gerada e adotada por um pequeno grupo de pessoas (integrantes da rede). Porém, o processo só é finalizado quando a IS é institucionalizada como prática social [22], e, portanto, faz-se necessária sua Difusão. Para tanto, recomenda-se que sejam propagados os benefícios gerados pela IS por meio da rede que a criou a fim de gerar interesse pela replicação da inovação.

A partir da representação tradicional da inovação, descrita por meio de um funil e com etapas sequenciais, bem como das diferenças entre inovação tecnológica e inovação social, além das especificidades do processo de geração da IS, buscou-se elaborar a Fig. 2.2 para representar a IS.

Figura 2.2. Processo simplificado de inovação social

Como pode ser observado na figura 2.2 na IS as ideias geradas no início do processo buscam promover a melhoria da qualidade de vida, e, para tal, são selecionadas e desenvolvidas pela organização juntamente com seus stakeholders e potenciais usuários, ou seja, há uma responsabilidade conjunta pela geração e difusão da inovação social (produtos, processos ou práticas são aceitos pela sociedade e replicados por outras organizações).

Vale ressaltar que na prática, há evidentes interseções entre a inovação tecnológica e a social [28] sendo que a inovação tradicional é uma fonte de melhoria de tecnologias ligadas à fabricação, e a inovação social tem grande contribuição na evolução das estruturas sociais e substituição de políticas e instituições inadequadas ao tratamento dos problemas sociais [30].

2.4 CROWDFUNDING E A INOVAÇÃO SOCIAL

Após analisar separadamente *crowdfunding* e IS, aponta-se as intersecções desses dois conceitos e como a utilização do financiamento coletivo pode contribuir no processo de geração da inovação social. De acordo com [26] o processo de geração de IS é composto por três fases, nas quais o processo é iniciado por um grupo de pessoas que decide mudar comportamentos e atitudes, que, posteriormente, recebe outros atores que também desejam a mudança, e, gradualmente, novas formas de ação tomam forma, podendo ser diferente do previsto inicialmente, e se solidificam se o processo resulta em sucesso, caso contrário, a nova forma de ação não é aceita e implementada. A visão do processo de IS discutida por [26] é baseada nos agentes que o compõem e sob essa perspectiva é que se encontra as principais intersecções entre a IS e o *crowdfunding*.

Na fase de mapeamento, o objetivo é identificar a demanda social, as causas que originam essa demanda e os atores que poderão trabalhar para o desenvolvimento da IS (empresas, universidades, governo, comunidade, sociedade). Para tal, é indicado a adoção de abordagens mais reflexivas na prospecção de ideias e criação de inovação social, bem como o uso de técnicas que estimulem a visão periférica [6]. Por outro lado, de acordo com a literatura, o *crowdfunding* tem agregado valor a projetos e empresas por aproximá-las ainda mais dos consumidores [8], servindo como uma excelente ferramenta para demonstrar a demanda / necessidade, uma vez que mostra a disposição da sociedade em pagar por um produto, seja na forma de pré-compra, empréstimo, doação ou participação acionária [10].

Assim, por meio do *crowdfunding*, o cliente tem a oportunidade de tornar-se um colaborador e um investidor, que recebe benefícios exclusivos, pré-adquire produtos, se engaja em causas sociais e pode até adquirir participação societária na empresa. Do outro lado, a partir da repercussão da campanha de *crowdfunding*, o tomador do financiamento coletivo tem a oportunidade de conhecer as preferências e necessidades de seu consumidor antes do desenvolvimento da inovação ou negócio, bem como, via *crowdsourcing*, pode convocar o potencial consumidor para auxiliar na execução do projeto em pauta, cortando custos e estabelecendo uma rede de desenvolvimento da inovação social [8].

No desenvolvimento da IS, a fase de seleção envolve alinhamento entre as ideias/ demandas mapeadas e os recursos, a missão das organizações envolvidas e a sustentabilidade financeira. Nesse sentido, ao selecionar o projeto que receberá o investimento, a sociedade realiza a etapa de seleção. Dessa forma, ao término da campanha, as propostas que não atingiram suas metas financeiras não serão executadas (modalidade tudo ou nada) ou então sofrerão ajustes significativos (modelo flexível).

De acordo com [10] a 'multidão' ao longo do tempo, tem sido eficiente em selecionar projetos, principalmente no tocante a identificar iniciativas fraudulentas. Isso fica evidente ao se analisar os números, uma vez que, embora não haja supervisão ou controle oficial, em uma pesquisa realizada com uma amostra de 381 campanhas, apenas 3,6 % dos projetos não foram entregues [10].

Quando um projeto é interessante para uma comunidade, muitos indivíduos o examinarão, e há uma boa chance de que pelo menos alguns deles tenham o conhecimento necessário para detectar erros e omissões que possam indicar criadores menos honestos [10] ou mesmo a inexequibilidade da inovação. Assim, a qualidade e a sinalização de prontidão na execução do projeto são fatores importantes para o sucesso da campanha de *crowdfunding*. De acordo com [3] as chances de um projeto ser financiado aumentam quando os executores demonstram a qualidade da equipe e apresentam protótipos, por outro lado, erros de ortografia no *pitch* de uma campanha diminui a chance de financiamento com sucesso em 13%. O estabelecimento de metas adequadas que permitam ao fundador entregar um produto no prazo é outro fator considerado. No tocante a IS, [7] apontam a necessidade de participação dos investidores na etapa de seleção, a fim de garantir a sustentabilidade financeira da IS.

O sucesso em *crowdfunding* implica na responsabilidade de executar rapidamente o empreendimento prometido. Para tal, muitas vezes se faz necessário mobilizar o conhecimento, experiências e apoio, além do recurso financeiro. Nessa etapa, o *crowdfunding* pode auxiliar no processo de inovação social aumentando o número de potenciais fontes de conhecimento externo. Nesse sentido, se comparado aos meios tradicionais de captação de recursos, o *crowdfunding* tem o potencial de mitigar muitos dos efeitos da distância [10]. O projeto MOLA, por exemplo, em sua primeira campanha obteve o apoio de investidores de 30 países, que além do apoio financeiro, enviaram sugestões para o desenvolvimento do produto.

Sendo assim, os inovadores sociais podem se aproveitar do investimento disperso geograficamente, bem como da afinidade e interesse dos investidores com o projeto para envolvê-los no processo de inovação. Vale ressaltar que a participação de todos os envolvidos, a cocriação e a organização em rede são pilares da IS. Ou seja, mecanismos exponenciais de captação de recursos podem ser aproveitados para gerar a IS, enquanto, mecanismos exponenciais de aquisição de conhecimento também podem ser ativados para resolver problemas durante o processo de inovação. Portanto, acredita-se que a utilização de *crowdfunding* e *crowdsourcing* de Pesquisa e Desenvolvimento (P&D) pode oferecer um novo paradigma à IS, onde problemas sociais graves e de larga escala possam ser resolvidos de forma relativamente rentável/ sustentável [23].

As fases seguintes do processo de geração da IS é a implantação quando acontece o desenvolvimento da inovação e posteriormente a avaliação em que se promove melhorias na solução inicial. Para essas duas etapas, destaca-se a participação do coletivo como fator de otimização do processo. Como demonstrado na figura 2.1 o promovedor da campanha de *crowdfunding* mantém relacionamento com a rede que o financiou, podendo acioná-la para fazer pré-testes a fim de avaliar o protótipo da IS e sua capacidade em resolver os problemas sociais. O interesse comum tanto de desenvolvedores como investidores, uma vez que objetivos sociais se sobressaem as metas financeiras tende a facilitar o relacionamento e dar agilidade ao processo.

O *crowdfunding*, por sua vez, oferece às organizações maior oportunidade de intervir no início da evolução de um novo empreendimento/ projeto se comparado a outras formas de financiamento, desde o fornecimento recursos, troca de experiências, parcerias ou outras formas de apoio. O resultado é maior transparência durante todo o processo de inovação e comercialização para todas as partes envolvidas [3]. Os autores ainda ressaltam que o *crowdfunding* tem o potencial não só de democratizar o acesso ao capital, mas também de criar formas inteiramente novas de interação entre criadores de projetos e empreendedores com seus financiadores e investidores, sendo que a participação de comunidades vibrantes é a chave para aproveitar as melhores ideias de uma multidão, melhorá-las e criar inovações radicais.

Por fim, uma das contribuições marcantes do *crowdfunding* no processo de geração de IS está na fase de difusão, pois o financiamento coletivo, além da arrecadação de recursos financeiros, tem o papel de divulgar os projetos, causas, ideias e até mesmo empresas [8, 24]. A IS surge fora do pensamento dominante e, por isso, a difusão da IS pode gerar resistência ou retardar o processo de difusão [6]. Por outro lado, ao investigar campanhas de *crowdfunding* bem-sucedidas [3] observaram que além de levantarem milhões de dólares, elas geram outros benefícios como conhecimento do mercado consumidor, publicidade e principalmente, ajudam a construir comunidades de clientes. Isso é de fato, muito importante para a inovação social, uma vez que o processo só é finalizado quando a IS é institucionalizada como prática social [22] e a criação de uma comunidade de apoiadores/ clientes da IS dispersos geograficamente pode facilitar consideravelmente a difusão da IS.

Diante do exposto, o que pode ser um desafio para a inovação tradicional, uma vez que a execução de campanhas de *crowdfunding* pode aumentar a concorrência dado que a exposição da ideia facilita a entrada de imitadores no mercado, para a inovação social torna-se um ativo devido a suas diferenças de objetivos, valores e processo. Para a difusão da IS, por exemplo, recomenda-se a propagação dos benefícios gerados pela IS, portanto quanto maior o número de pessoas adotando a inovação social, maiores as chances de os resultados serem divulgados e consequente ocorrer a geração de valor social, ou seja, a potencial imitação promove a difusão da IS, última etapa do processo de inovação. Pode-se ressaltar ainda, que o *crowdfunding* viabiliza a execução de inovações sociais que não seriam financiadas pelos mecanismos tradicionais, seja pela baixa lucratividade ou pela inexperiência ou baixo conhecimento técnico dos inovadores; assim como permite uma participação ativa da comunidade (apoiadora ou beneficiária da IS) sendo uma alternativa interessante para realização da cocriação, um dos pilares e também desafio do processo de IS.

2.5 CONSIDERAÇÕES FINAIS

O *crowdfunding* e a inovação social são reflexos de uma sociedade mais colaborativa motivada por buscar soluções mais eficientes para os desafios sociais. No tocante ao *crowdfunding*, trata-se de uma técnica que por meio da união online de pequenos investidores dispersos geograficamente, promove o financiamento das mais diversas causas, como geração de inovação, realização de atividade artística ou tratamento médico. Para tal, realiza-se campanhas onde se estipula metas temporais e financeiras e pode-se oferecer ou não recompensas (homenagem, produto, participação acionária ou nos lucros). A inovação social por sua vez, busca o desenvolvimento de novos conhecimentos ou novo arranjo das tecnologias já existentes a fim de desenvolver soluções mais eficientes para os desafios sociais, gerando bem-estar social. O seu desenvolvimento pode ser representado por um processo com seis fases fundamentais: mapeamento, seleção, mobilização de conhecimento e experiência, implantação, avaliação, difusão e prática social. Ao analisar as duas temáticas em conjunto, a Fig. 2.3 apresenta potenciais contribuições do financiamento coletivo no processo de geração da inovação social.

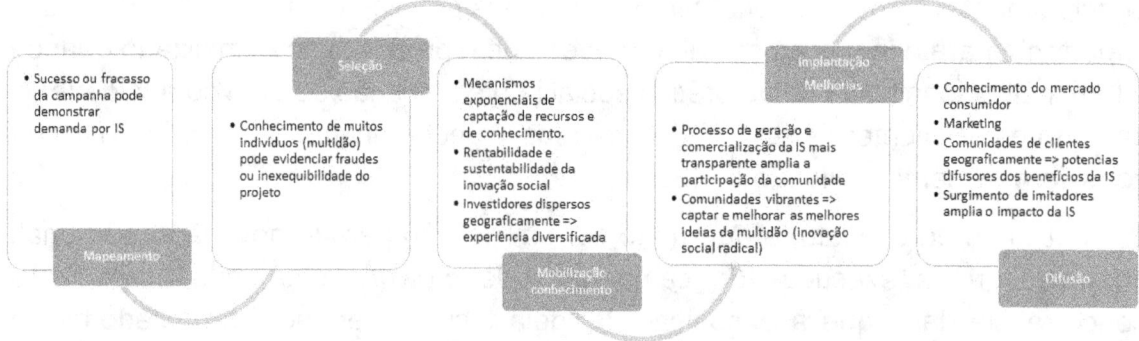

Figure 2.3. Potenciais contribuições do financiamento coletivo no processo de geração da inovação social

Dessa forma, conclui-se que os inovadores sociais são motivados a utilizar o *crowdfunding* para arrecadar fundos, receber validação, conectar-se com outras pessoas, replicar experiências de sucesso de outras pessoas e expandir a conscientização sobre o trabalho por meio da internet. Os financiadores são motivados a participar para buscar recompensas, apoiar criadores e causas e fortalecer o relacionamento com sua rede social [25].

REFERÊNCIAS

[1] Schwienbacher, A., Larralde, B. (2010) "Crowdfunding of small entrepreneurial ventures", SSRN Electronic Journal.

[2] Callaghan, C. W. (2014) "Crowdfunding to generate crowdsourced R&D: The alternative paradigm of societal problem solving offered by second generation innovation and R&D", International Business & Economics Research Journal Vol 13, No. 6.

[3] Mollick, E. and Robb, A. (2016) "democratizing innovation and capital access: the role of crowdfunding" California Management Review, Vol. 58, No. 2.

[4] Harrison, R. (2013) "Crowdfunding and the revitalisation of the early stage risk capital market: catalyst or chimera?" Venture Capital: An International Journal of Entrepreneurial Finance, Vol 15, No.4.

[5] Edwards-Schachter M. E., Matti C. E. and Alcántara E. (2012) "Fostering quality of life through social innovation: a living lab methodology study case" Review of Policy Research Vol 29, nº 6.

[6] Lettice F. and Parekh M. (2010) "The social innovation process: themes, challenges and implications for practice" International Journal of Technology Management Vol 51, nº 1.

[7] Murray R, Caulier-Grice J and Mulgan G. (2010) "The open book of social innovation" The Young Foundation. London.

[8] Mendonça, R.U. and Machado, L.H.M. (2015) "Análise do Crowdfunding no empreendedorismo brasileiro – características e tendências" SADSJ - South American Development Society Journal, Vol. 1, No. 3.

[9] Barret E. (2011) "Crowdfunding: a communal business model". Communities Magazine, Fall 2011, Issue 152.

[10] Mollick, E. (2014) "The dynamics of crowdfunding: An exploratory study" Journal of Business Venturing Vol 29. No. 1.

[11] Mitra, D. (2012) "The role of crowdfunding in entrepreneurial finance". Delhi Business Review Vol. 13, No. 2.

[12] Amedomar, A.A. (2015) "O crowdfunding de recompensas como alternativa de capital empreendedor para Empresas de Base Tecnológica no Brasil: um estudo descritivo-exploratório. Dissertação (mestrado) Universidade de São Paulo, 221p.

[13] Taylor, J. B. (1970) "Introducing social innovation" The Journal of Applied Behavioral Science Vol. 6, nº 1.

[14] Silveira F. F and Zilber S. (2017) "Is social innovation about innovation? A bibliometric study identifying the main authors, citations and co-citations over 20 years" International Journal of Entrepreneurship and Innovation Management Vol 21, nº 6.

[15] Dawson, P., and L. Daniel (2010) "Understanding social innovation: a provisional framework" *International Journal of Technology Management* Vol 51, nº 1.

[16] Phills, J. A., Jr. Deiglmeier, K. and Miller, D. T. (2008) "Rediscovering social innovation" Stanford Social Innovation Review, fall.

[17] Mulgan, G. (2006) "The process of social innovation. Innovations: Technology, Governance" Globalization Vol 1, nº 2.

[18] Chalmers, D. (2012) "Social innovation: an exploration of the barriers faced by innovating organizations in the social economy" Local Economy Vol 28, Nº 1.

[19] Mulyaningsih, H. D and Bambangrudito, G. (2014) "Initial conceptual model of knowledge-based social innovation" World Applied Sciences Journal Vol 30.

[20] Batisti S. (2012) "Social innovation: the process development of knowledge-intensive companies" International Journal of Services Technology and Management Vol 18, nº3/4.

[21] Nomura, T., and Kubota, Y. (2007) "Social innovation management with resonant individuals' insights" Paper presented at PICMET, 2007 - Proceedings of IEEE, Portland International Center for Management of Engineering and Technology, p. 483-494, Portland.

[22] Howaldt; J. and Schwarz, M. (2010) "*Social Innovation*: Concepts, Research Fields and International Trends". Studies for Innovation in a Modern Working Environment - International Monitoring. Aachen: Eigenverlag.

[23] Stieger, D., Matzler, K. Chatterjee, S. and Ladstaetter-Fussenegger, F. (2012). "Democratizing Strategy: How Crowdsourcing can be used for Strategy Dialogues" California Management Review, Vol 54, Nº4.

[24] Rossetto, M.H. and Segatto, A.P. (2012) "Crowdfunding: uma alternativa de financiamento as tecnologias sociais". Anais do I SINGEP – São Paulo - SP – Brasil – 06 e 07/12/2012.

[25] Gerber, E.M., Hui, J.S. and Kuo, P (2012) "Crowdfunding: Why People Are Motivated to Post and Fund Projects on Crowdfunding Platforms" Conference: Computer Supported Cooperative Work. Disponível em http://www.researchgate.net/Publication/261359489_Crowdfunding_Why_People_are_Motivated_to_Post_and_Fund_Projects_on_Crowdfunding_Platforms

[26] Neumeier, S. (2012) "Why do social innovations in rural development matter and should they be considered more seriously in rural development research? –

Proposal for a stronger focus on social innovations in rural development research." Sociologia Ruralis, vol. 52, Nº 1.

[27] João, I.S. (2014) "Modelo de gestão da inovação social para empresas sociais." Tese de Doutorado, apresentada à Faculdade de Economia, Administração e Contabilidade de Ribeirão Preto - USP.

[28] Bignetti, L. P. (2011) "As inovações sociais: uma incursão por ideias, tendências e focos de pesquisa". Ciências Sociais Unisinos, Vol. 47, Nº. 1.

[29] Lundströn, A.; Zhou, C. (2011) "Promoting innovation based on social sciences and technologies: the prospect of a social innovation park. Innovation". The European Journal of Social Science Research, Vol 24, Nº. 1-2.

[30] Huddart, S. (2012) "Renewing the future: social innovation systems, sector shift, and innoweave". Technology Innovation Management Review. Disponível em:<http://timreview.ca/sites/default/files/article_PDF/Huddart_TIMReview_July2012_2.pdf>. Acesso em: dia 24 mar. 2013.

Capítulo

3

Realidade Aumentada

Ezequiel Roberto Zorzal
Instituto de Ciência e Tecnologia, Universidade Federal de São Paulo - Unifesp

Abstract

Information and communication technologies are developing at an accelerated pace and are increasingly part of people's daily lives. Different types of interfaces have been developed with the aim of improving user interaction in the pursuit of their objectives. Augmented Reality (AR) interfaces have become commonplace and widely available for use on personal computers, laptops, and even mobile devices. The use of AR techniques can allow the exploration of all human senses and provide the user with a secure interaction without the need for training since it can increase the user's real-world view with virtual complements. This chapter presents the concepts of AR, the types of systems used, examples of applications, challenges, and research opportunities in the area.

Resumo

As tecnologias de informação e comunicação estão se desenvolvendo em ritmo acelerado, e cada vez mais fazem parte do cotidiano das pessoas. Diferentes tipos de interfaces têm sido desenvolvidos com o objetivo de aprimorar a interação do usuário na busca de seus objetivos. Atualmente, interfaces com Realidade Aumentada (RA) se tornaram comuns e amplamente disponíveis para uso em computadores pessoais, portáteis e inclusive para dispositivos móveis. O uso de técnicas de RA pode permitir a exploração de todos os sentidos humanos e proporcionar ao usuário uma interação segura, sem necessidade de treinamento, uma vez que ela pode incrementar a visão que o usuário tem do mundo real com complementos virtuais. Este Capítulo apresenta os conceitos sobre RA, os tipos de sistemas utilizados, exemplos de aplicações, desafios e oportunidades de pesquisa na área.

3.1. INTRODUÇÃO

A Realidade Aumentada (RA) pode ser definida como a inserção de objetos virtuais no ambiente físico do usuário. Com o apoio de um dispositivo tecnológico o usuário pode interagir com estes objetos em tempo real [1]. A RA pode permitir a exploração de todos os sentidos humanos e proporcionar ao usuário uma interação segura, de forma natural, sem necessidade de treinamento [2]. Neste âmbito, o usuário realiza toda a interação com os objetos virtuais no seu ambiente real. O sentido de presença em um sistema de RA não é totalmente controlado pelo sistema, diferentemente da Realidade Virtual, em que o usuário se desloca completamente do mundo real para interagir no ambiente virtual [3]. A Fig. 3.1 apresenta um exemplo simples de RA. Nesta aplicação, ao direcionar a câmera do dispositivo móvel para o sítio eletrônico do Programa de Pós-Graduação Profissional Interdisciplinar em Inovação Tecnológica da Universidade Federal de São Paulo (Unifesp), o usuário poderá visualizar a descrição virtual da URL da Unifesp.

Figura 3.1. Aplicação de Realidade Aumentada com reconhecimento do sítio eletrônico da Unifesp.

Ao desenvolver sistemas de RA, três características básicas devem estar presentes: funções para combinar elementos virtuais em uma cena real; interatividade em tempo real e meios de registrar os objetos virtuais em relação aos objetos reais. Os sistemas de RA podem ser classificados conforme o tipo de *display* utilizado [2], envolvendo visão ótica ou visão por vídeo. De acordo com [3] essa classificação acarreta quatro tipos de sistemas:

1. Sistema de visão ótica direta;
2. Sistema de visão direta por vídeo;
3. Sistema de visão por vídeo baseado em monitor;
4. Sistema de visão ótica por projeção.

O sistema de visão ótica direta possibilita a projeção de imagens virtuais sobre lentes translúcidas em óculos especiais ou acopladas em capacetes. Normalmente, usa-se uma lente inclinada que permite a visão direta e que reflita a projeção de imagens geradas por computador diretamente nos olhos do usuário.

O sistema de visão direta por vídeo utiliza capacetes com microcâmeras acopladas. A cena real, capturada pela micro câmera, é misturada com os elementos virtuais gerados por computador e apresentadas à frente dos olhos do usuário, por meio de pequenos monitores acoplados nos óculos ou capacetes.

O sistema de visão por vídeo baseado em monitor utiliza uma câmera de vídeo para capturar a cena real. Depois de capturada, a cena real é misturada com os objetos virtuais gerados por computador e apresentada no monitor. O ponto de vista do usuário normalmente é fixo e depende do posicionamento da câmera. Normalmente, este tipo de sistema é utilizado em ambientes de Realidade Aumentada móveis por meio de *smartphones* [4]. Os sistemas de Realidade Aumentada móveis consideram os meios de entrada de dados dos dispositivos, tais como câmera, giroscópio, microfones e GPS (*Global Positioning System*) para captar os dados que serão utilizados no processamento. Depois de processados, os objetos virtuais são registrados de forma efetiva no ambiente real e apresentados na tela do dispositivo móvel.

Finalmente, o sistema de visão ótica por projeção, utiliza superfícies do ambiente real onde são projetadas imagens dos objetos virtuais, cujo conjunto é apresentado ao usuário sem a necessidade de nenhum equipamento auxiliar para visualização. Esse sistema, embora interessante, é muito restrito às condições do espaço real, em função da necessidade de superfícies de projeção. A Fig. 3.2 ilustra os quatro tipos de sistemas.

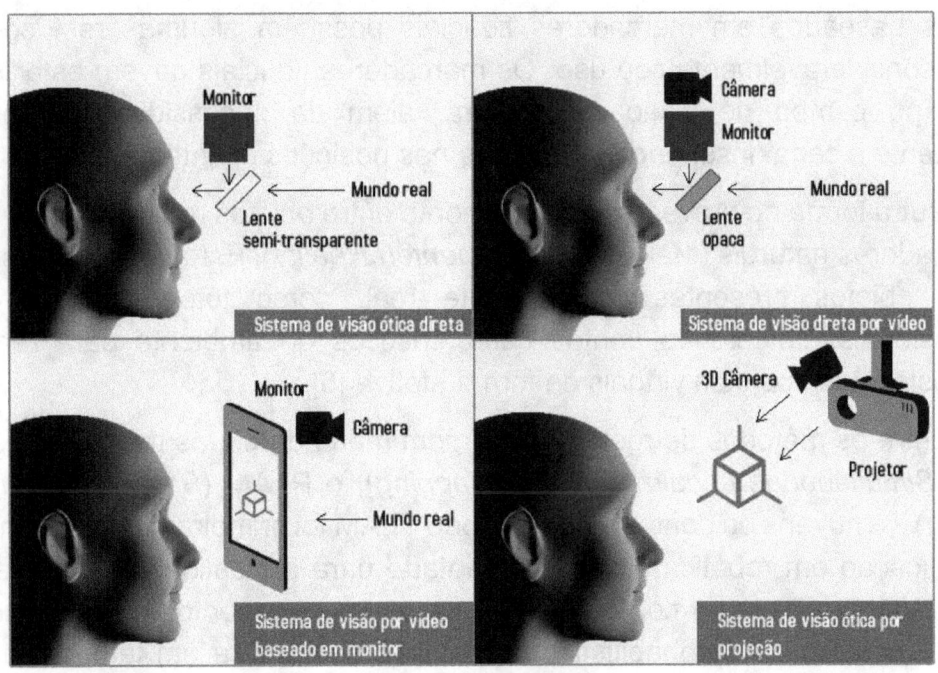

Figura 3.2. Sistemas de Realidade Aumentada (Adaptado de [2]).

Inicialmente, para fazer uso dos sistemas de RA, era necessário o uso de *software* e *hardware* customizados. Nos últimos anos, devido ao avanço nas tecnologias de *hardware* e principalmente com o surgimento dos *smartphones*, experiências com RA se tornaram comuns e amplamente disponíveis para uso em computadores pessoais, portáteis e inclusive para dispositivos móveis.

Para que os objetos virtuais façam parte do ambiente real e sejam manuseados, deve-se utilizar um *software* com capacidade de visão do ambiente real e de posicionamento dos objetos virtuais, além de acionar dispositivos tecnológicos apropriados para RA.

A maneira mais utilizada para prover o posicionamento (registro) entre objetos reais e virtuais é o uso de marcadores fiduciais. Marcadores fiduciais são marcações passivas que servem como ponto de referência, possuem uma forma geométrica fixa e um identificador exclusivo. Os sistemas que utilizam identificadores fiduciais têm como principais vantagens o uso de marcadores com materiais convencionais que podem ser impressos de forma rápida e econômica. Além disso, o sistema de aquisição utilizado não precisa ser sofisticado, bastando o uso de uma câmera padrão devidamente calibrada. A operação de um sistema fiducial é trivial. Primeiramente, uma câmera captura a imagem de um ou mais marcadores fiduciais. O software busca identificar esta imagem e, a partir da identificação, calcula-se a posição e orientação compatível com a projeção perspectiva estimada para a sobreposição do objeto virtual. Apesar das vantagens, sistemas baseados em marcadores fiduciais possuem algumas restrições que limitam consideravelmente seu uso. Os marcadores fiduciais devem estar sempre visíveis no campo de visão da câmera, além da necessidade de preparar previamente a cena, inserindo marcadores nas posições de interesse.

Outra forma de prover o posicionamento entre objetos reais e virtuais é o uso de marcadores naturais (*Markerless Augmented Reality*). Esta técnica consiste em rastrear objetos presentes no ambiente real, como fotografias ou objetos tridimensionais, detectando pontos característicos do ambiente para realizar a sobreposição dos objetos virtuais de forma efetiva [5].

Entre os métodos de rastreamento sem marcadores, os mais usados são o SLAM (*Simultaneous Localization and Mapping*), o PTAM (*Parallel Tracking and Mapping*) e a nuvens de pontos 3D. O método SLAM foi primeiramente desenvolvido para aplicação em robótica e depois adaptado para a Realidade Aumentada [6]. Esse método consiste na construção de um mapa com pontos de referências do ambiente para cálculo probabilístico da posição da câmera em tempo real e dos atributos de interesse [7]. O PTAM é uma variação do método SLAM, desenvolvido para Realidade Aumentada, em que o rastreamento e o mapeamento ocorrem separadamente, isso possibilita usar um método de rastreamento robusto, executar as duas tarefas em diferentes núcleos de processamento e reduzir o mapeamento de quadros de vídeo apenas para quadros específicos [8]. O rastreamento baseado em nuvens de pontos 3D é baseado em uma coleção de pontos com coordenadas tridimensionais que comumente têm o objetivo de representar a superfície externa de um objeto. Os pontos são geralmente obtidos por meio de sensores capazes de detectar informações da estrutura do ambiente [8-7].

3.2. APLICAÇÕES DE REALIDADE AUMENTADA

A RA vem sendo aplicada em diversas áreas do conhecimento. Muitos trabalhos estão sendo desenvolvidos com o objetivo de implementar sistemas de visualização com Realidade Aumentada para fornecer interfaces acessíveis e de fácil utilização, principalmente, que apoiam o aprendizado e apresentam informações relevantes aos usuários.

Alguns exemplos podem ser citados, como [10] que utilizou a RA em *tablets* para apresentar informações virtuais adicionais no Museu de Arte do Rio Grande do Sul Ado Malagoli para um grupo de pessoas; [15] desenvolveram dois estudos de caso que envolveu o uso da Realidade Aumentada Móvel para visualizar informações em livros infantis e para apoiar o ensino de superfícies de revolução na disciplina de geometria analítica; [26] utilizaram a RA Móvel e mapas digitais para determinar a percepção dos estudantes sobre os processos educacionais, por meio de um aplicativo que ensina conceitos históricos e culturais. Os autores apresentaram bons resultados mostrando a efetividade de tais ferramentas; A aplicação desenvolvida por [27] para abstrair conceitos musicais, como a notação musical e o ritmo, para crianças; e a aplicação da Realidade Aumentada Móvel combinada com mapas conceituais para ensinar crianças com autismo a se socializar com outras pessoas [24].

Alguns trabalhos especializados em história, por exemplo, mostraram que o uso da RA pode melhorar o aprendizado e a percepção dos estudantes ao apresentar elementos contextuais e informativos relevantes em ambientes históricos de acordo com a localização do estudante [18].

Por outro lado, a motivação da maioria dos trabalhos relacionados à Biologia foi o uso da representação tridimensional para acrescentar uma nova dimensão à representação dos dados e melhorar a percepção do espaço de visualização [1,19]. Nestes trabalhos a RA foi utilizada para melhorar a compreensão das informações no ambiente a partir de representações tridimensionais. Pode-se citar também o trabalho de [12] que consistiu em desenvolver um sistema para facilitar o aprendizado de geometria. O sistema mostrou-se eficiente, gerando um impacto positivo na habilidade espacial dos estudantes, enquanto a aplicação provou-se capaz de ser executada adequadamente em diversos dispositivos, o que faz do sistema uma ferramenta flexível, de baixo custo e eficiente.

No âmbito da indústria, diversos trabalhos com RA podem ser encontrados com o foco direcionado para suporte à montagem e manutenção de equipamentos, além de aplicações que apoiam o treinamento de operadores. Nesta categoria, pode-se citar o trabalho de [25] que apresenta uma aplicação de RA orientada para serviços em nuvem, troca de mensagens e manutenção remota, permitindo a cooperação entre o especialista local e o fabricante. Outro exemplo é a ferramenta de autoria [16] que permite aos usuários desenvolverem aplicações de RA de baixo custo com o uso do Kinect, especialmente voltadas para tarefas de montagem e manutenção.

Por fim, cabe mencionar o sistema [28] baseado em RA para procedimentos de produção e manutenção de dispositivos. O sistema garantiu a interação segura e a execução de procedimentos na ordem correta. Além disso, os autores concluíram que a RA foi capaz de fornecer uma visualização adequada das instruções relacionadas no local de trabalho e se mostrou eficiente para reduzir os fatores de risco e a taxa de erro no ambiente industrial.

3.3. SOFTWARE PARA APOIAR O DESENVOLVIMENTO

O desenvolvimento de *software* de RA tem sido contínuo e tende a tornar-se cada vez mais sofisticado e completo. Diversas ferramentas têm sido desenvolvidas para facilitar o desenvolvimento de aplicações com RA. Esta seção apresenta, de forma resumida, algumas soluções disponíveis.

3.3.1. *ARToolKit (Augmented Reality Toolkit)*

A ARToolKit [5] é uma ferramenta, com código aberto e gratuito, apropriada para desenvolver aplicações de RA. A ARToolKit faz uso de técnicas de Visão Computacional para o reconhecimento de padrões e inserção dos objetos virtuais no ambiente real. Além do rastreamento tradicional de marcadores fiduciais, as versões atuais da ARToolKit permitem o uso do rastreamento de características naturais (*Natural Feature Tracking - NFT / Markerless Augmented Reality*).

3.3.2. *Vuforia*

A Vuforia [29] é uma biblioteca de RA compatível com Android, iOS, UWP e Unity. Não possui código livre, mas é gratuita para aplicações não comerciais. A biblioteca incorpora inúmeras características presentes em dispositivos e sistemas atuais, como a possibilidade de utilizar câmeras de *smartphones* de alta resolução ou dispositivos baseados na plataforma UWP como o Microsoft Surface Pro e Surface Book. A Vuforia possui a capacidade de reconhecer imagens planas naturais fornecidas pelo usuário. Uma característica que difere a Vuforia de outras bibliotecas de Realidade Aumentada é a possibilidade de reconhecer objetos tridimensionais simples. A biblioteca também fornece funcionalidades para rastrear objetos mais complexos, desde que sejam opacos, rígidos e com poucas partes móveis.

3.3.3. *SDK Wikitude*

A SDK Wikitude [30] combina a tecnologia de rastreamento 2D e 3D, reconhecimento de imagens e geolocalização em seus aplicativos. A SDK possui características que permitem o desenvolvimento de aplicações com ou sem marcadores e seu foco está nas aplicações móveis para as plataformas Android e iOS. Uma das principais características da SDK é o uso do método SLAM. Além de dispensar o uso de marcadores fiduciais, ela provê uma funcionalidade denominada *Extended Tracking* que permite incluir objetos virtuais na cena mesmo quando o objeto utilizado no momento do registro não está mais visível. A Wikitude suporta *frameworks* de desenvolvimento como Unity, Cordova e Xamarin. Atualmente, a Wikitude está disponível para versões comerciais, no entanto, pode ser testada gratuitamente.

3.3.4. SDK Kudan

A SDK Kudan [23] utiliza o método SLAM para o desenvolvimento de aplicações de RA, robótica e Inteligência Artificial. A SDK possui versões para as plataformas móveis Android e iOS bem como versões para Windows e OSX. A Kudan possui versões gratuitas não comerciais e versões comerciais pagas. O sistema de SLAM da Kudan fornece funcionalidades para aquisição e processamento de imagens digitais, além de mapear os ambientes 3D com baixo processamento.

3.3.5. ARCore e ARKit

ARCore e ARKit são plataformas criadas para o desenvolvimento de aplicações com RA em dispositivos móveis. Desenvolvidas pela Google e Apple, respectivamente, servem como suporte no desenvolvimento de aplicações nativas para sistemas operacionais móveis Android e iOS. As plataformas foram lançadas recentemente e possibilitam o uso de RA sem a necessidade de um hardware específico. As duas plataformas permitem o rastreamento de movimento, a detecção de planos horizontais e a estimativa de luminosidade. O rastreamento de movimento, através da combinação de informações entre a câmera e os sensores de movimento do dispositivo, permite que objetos virtuais permaneçam no mesmo lugar mesmo com a movimentação do dispositivo. A detecção de superfícies horizontais no ambiente real, através da análise dos chamados pontos de características, uma coleção de pontos únicos normalmente presentes em planos horizontais, permite a alocação de objetos virtuais respeitando as superfícies existentes no ambiente real. A estimativa de luminosidade é baseada na iluminação do ambiente real, aumentando com isso a sensação de imersão [2, 4].

3.3.6. *AR.js*

AR.js é uma biblioteca *Open Source* em Javascript que permite a criação e execução de conteúdo em RA diretamente na Web [3]. A AR.js possibilita o fornecimento de conteúdos de RA sem a necessidade de instalação de qualquer outro componente. A biblioteca AR.js utiliza diversos recursos já consolidados no Javascript. Para renderização 3D, a AR.js faz uso da biblioteca/API Three.js. Ainda, para a parte de reconhecimento de marcadores, a AR.js utiliza uma versão do SDK ARToolKit compilado da linguagem C para Javascript com o compilador emscripten, podendo com isso utilizar diversas funcionalidades do ARToolkit diretamente na Web. Além disso, a AR.js também fornece suporte para A-Frame, um *framework* Web para desenvolvimento de aplicações em Realidade Virtual, o que permite o desenvolvimento de conteúdo de Realidade Aumentada utilizando marcações HTML. Mas, mesmo apresentando resultados satisfatórios, a biblioteca ainda se encontra nos estágios iniciais de desenvolvimento e por isso, ainda apresenta alguns desafios para serem superados, tais como, a exigência de navegadores com suporte aos padrões WebRTC e WebGL que ainda não foram implementados em todos os navegadores e a possibilidade de utilizar apenas marcadores fiduciais.

3.4. CONSIDERAÇÕES FINAIS

As soluções de *software* para desenvolver aplicações de Realidade Virtual e Realidade Aumentada vêm evoluindo constantemente. Vários desafios no desenvolvimento dessas aplicações ainda são objetos de estudos para melhorar a experiência do usuário.

O problema do registro diz respeito à necessidade de alinhar de maneira precisa os objetos virtuais que serão sobrepostos aos objetos reais. A dependência dos marcadores ainda é um fator preocupante para a aplicação de soluções de RA nos ambientes de produção e em aplicações que exigem alta precisão no rastreamento. Soluções sem marcadores ainda se apresentam com baixa maturidade e exigem um ambiente de trabalho com maior controle de iluminação e de composição de objetos para se obter resultados satisfatórios [17]. A tendência é que as soluções de *software* sejam atualizadas com novas técnicas para aperfeiçoar tais desafios. Ainda, é possível o surgimento de novas soluções que permitam o desenvolvimento ágil dessas aplicações para ambientes inteligentes.

Outro fator limitante da RA diz respeito ao dispositivo de projeção utilizado. Dispositivos estáticos podem gerar impactos ao processo produtivo dependendo de sua localização, pois estes limitam a movimentação e locomoção dos usuários [13]. Por outro lado, o uso de dispositivos móveis, pode favorecer a mobilidade do usuário. No entanto, seu uso prolongado pode gerar desconforto ao usuário.

A RA pode ser aplicada em diferentes áreas do conhecimento. Além dos jogos e entretenimento, elas também podem ser aplicadas na medicina, educação, treinamento, indústria, entre outras. A publicidade prepondera às aplicações desenvolvidas com fins comerciais.

Estudos futuros devem incrementar a RA com novos elementos e comportamentos para facilitar e potencializar a interação do usuário com os recursos que ele necessita no cotidiano. Estes ambientes permitirão que os usuários reais interajam com outros usuários remotamente localizados, bem como com objetos ou formas de vidas imaginárias ou artificiais, gerados por computador. Cada usuário poderá enxergar o que lhe interessa, de acordo com seu perfil ou sua necessidade, e interagir com os objetos ou avatares, de forma a ter suas necessidades satisfeitas.

REFERÊNCIAS

[1] Jean M Angeles, Fredilyn B Calanda, Tony Vic V Bayon-on, Roselia C Morco, Junnel Avestro, and Mark Jade S Corpuz. Ar plants: Herbal plant mobile application utilizing augmented reality. in Proceedings of the 2017 International Conference on Computer Science and Artificial Intelligence, pages 43–48. ACM, 2017.

[2] ARCore. Arcore - google developer | arcore | google developers.https://developers.google.com/ar/. (Accessed on 01/06/2019).

[3] AR.js.Ar.js/readme.md at master·jeromeetienne/ar.js·github.https://github.com/jeromeetienne/AR.js/blob/master/README.md. (Accessed on 01/06/2019).

[4] ARKit. Arkit - apple developer.https://developer.apple.com/arkit/. (Accessed on 01/06/2019

[5] ARToolKit. Artoolkit·github.https://github.com/artoolkit. (Accessed on 01/06/2019).

[6] R. Azuma, Y. Baillot, R. Behringer, S. Feiner, S. Julier, and B. MacIntyre. Recent advances in augmented reality. IEEE Computer Graphics and Applications,21(6):34–47, Nov 2001.

[7] Hyojoon Bae, Michael Walker, Jules White, Yao Pan, Yu Sun, and Mani Golparvar-Fard. Fast and scalable structure-from-motion based localization for high-precision mobile augmented reality systems.mUX: The Journal of Mobile User Experience,5(1):4, 2016.

[8] Mark Billinghurst, Adrian Clark, and Gun Lee. A Survey of Augmented Reality.Foundations and TrendsR©in Human–Computer Interaction, 8(2-3):73–272, 2015.

[9] D. Chatzopoulos, C. Bermejo, Z. Huang, and P. Hui. Mobile augmented reality survey: From where we are to where we go. IEEE Access, 5:6917–6950, 2017.

[10] André Luís Marques da Silveira, Maria Cristina Villanova Biazus, and MargareteAxt. Realidade aumentada no margs: Impressões de um experimento. RENOTE,9(2), 2011.

[11] Andrew J. Davison, Ian D. Reid, Nicholas D. Molton, and Olivier Stasse. MonoSLAM: Real-Time Single Camera SLAM.IEEE Transactions on Pattern Analysis and Machine Intelligence, 29(6):1052–1067, 6 2007.

[12] E Gutiérrez de Ravé, Francisco J Jiménez-Hornero, Ana B Ariza-Villaverde and J Taguas-Ruiz. Diedricar: a mobile augmented reality system designed for the ubiquitous descriptive geometry learning. Multimedia Tools and Applications,75(16):9641–9663, 2016.

[13] Ashish Doshi, Ross T. Smith, Bruce H. Thomas, and Con Bouras. Use of projector based augmented reality to improve manual spot-welding precision and accuracy for automotive manufacturing. International Journal of Advanced Manufacturing Technology, 89(5-8):1279–1293, 2017.

[14] P Fraga-Lamas, T M Fernández-Caramés, Ó Blanco-Novoa, and M Vilar-Montesinos. A Review on Industrial Augmented Reality Systems for the Industry4.0 Shipyard. IEEE Access, 6:13358–13375, 2018.

[15] Marco Aurélio Galvão and Ezequiel Roberto Zorzal. Aplicações móveis com realidade aumentada para potencializar livros. RENOTE, 10(1), 2012.

[16] J. Gimeno, P. Morillo, J.M. OrduÃa, and M. FernÃ¡ndez. A new ar authoring toolusing depth maps for industrial procedures. Computers in Industry, 64(9):1263 – 1271, 2013. Special Issue: 3D Imaging in Industry

[17] Pavel Gurevich, Joel Lanir, and Benjamin Cohen. Design and Implementation ofTeleAdvisor: A Projection-Based Augmented Reality System for Remote Collaboration, volume 24. 2015.

[18] Jason M Harley, Eric G Poitras, Amanda Jarrell, Melissa C Duffy, and Susanne PLajoie. Comparing virtual and location-based augmented reality mobile learning: emotions and learning outcomes. Educational Technology Research and Development, 64(3):359–388, 2016.

[19] Damla Karagozlu. Determination of the impact of augmented reality application on the success and problem-solving skills of students. Quality & Quantity, 52(5):2393–2402, 2018.

[20] C. Kirner and T. G. Kirner. Virtual reality and augmented reality applied to simulation visualization. In Simulation and Modeling: Current Technologies and Applications, pages 391–419. IGI Global, 2008.

[21] C. Kirner and E. R. Zorzal. Aplicações educacionais em ambientes colaborativos com realidade aumentada. In Brazilian Symposium on Computers in Education (Simpósio Brasileiro de Informática na Educação-SBIE), volume 1, pages 114–124,2005.

[22] Georg Klein and David Murray. Parallel Tracking and Mapping for Small ARWorkspaces. In 2007 6th IEEE and ACM International Symposium on Mixed and Augmented Reality, volume 20, pages 1–10. IEEE, 11 2007.

[23] Kudan. Home | kudan.https://www.kudan.eu/, 01 2019. (Accessed on01/06/2019)

[24] Kangdon Lee. Augmented reality in education and training. TechTrends, 56(2):13–21, 2012.

[25] Dimitris Mourtzis, Vasilios Zogopoulos, and Katerina Vlachou. Augmented reality application to support remote maintenance as a service in the robotics industry. Procedia CIRP, 63:46–51, 12 2017

[26] Jorge Joo Nagata, José García-Bermejo Giner, and Fernando Martinez Abad. Augmented reality and pedestrian navigation through of mobile implementation on heritage content. In Proceedings of the Fourth International Conference on Technological Ecosystems for Enhancing Multiculturality, pages 593–598. ACM, 2016.

[27] Marçal Rusiñol, Joseph Chazalon, and Katerine Diaz-Chito. Augmented songbook: an augmented reality educational application for raising music awareness. Multimedia Tools and Applications, 77(11):13773–13798, 2018.

[28] Dušan Tatíca and Bojan Tešíc. The application of augmented reality technologies for the improvement of occupational safety in an industrial environment. Computers in Industry, 85:1 – 10, 2017.

[29] Vuforia. Vuforia | augmented reality for the industrial enterprise. https://www.vuforia.com/. (Accessed on 01/06/2019).

[30] Wikitude. Wikitude augmented reality: the world's leading cross-platform ar sdk.https://www.wikitude.com/. (Accessed on 01/06/2019).

Capítulo 4

Manufatura Aditiva do Tipo FDM na Engenharia Biomédica

Maria Elizete Kunkel, Ana Paula Dias Cano e Thabata Alcantara Ferreira Ganga
Instituto de Ciência e Tecnologia
Universidade Federal de São Paulo – Unifesp

Bárbara Olivetti Artioli e Eliane Alves de Oliveira Juvenal
Centro de Engenharia, Modelagem e Ciências Sociais Aplicadas
Universidade Federal do ABC – Ufabc

Abstract

Additive manufacturing technology or 3D printing is a manufacturing principle used in many biomedical engineering applications for product and prototype customization. The additive manufacturing allows the production of parts with complex geometries, in a shorter production time and costs. The Fused Deposition Modeling (FDM) process is the most common and affordable technology that uses thermomoldable polymers heated and deposited in layers to form a real object. This chapter will discuss some of these applications in biomedical engineering as well as their limitations and future perspectives.

Resumo

A tecnologia de manufatura aditiva ou impressão 3D é um princípio de fabricação utilizado em várias aplicações de engenharia biomédica para customização de produtos e protótipos. A manufatura aditiva permite a produção de peças com geometria complexas com menor tempo de produção e custo. O processo de modelagem por fusão e deposição (FDM) é o mais comum e acessível que utiliza polímeros termomoldáveis aquecidos e depositados em camadas para formar um objeto real. Neste capítulo serão discutidas algumas destas aplicações na engenharia biomédica bem como suas limitações e perspectivas futuras.

4.1. INTRODUÇÃO

A primeira revolução industrial teve início no final do século XVIII, no Reino Unido. Ela foi caracterizada pelo uso da máquina a vapor para substituir parcialmente o trabalho humano na indústria têxtil. A segunda revolução industrial ocorreu entre o final do século XIX e início do século XX, com o uso de energia elétrica e a criação do conceito de linhas de produção. A partir de 1970, com a evolução dos sistemas computacionais, teve início a fase de automação na indústria. Em 2000 se estabeleceu a terceira revolução industrial, a revolução da informática, com a incorporação de tecnologias digitais na produção de novos produtos. Hoje se faz necessária uma integração completa e inteligente da produção em todos os níveis, com o uso de técnicas de inteligência artificial, sensores e equipamentos em rede. A convergência desses fatores gerou a quarta revolução industrial, a indústria 4.0, que inclui tecnologias digitais como integração por meio de internet das coisas, computação em nuvem, análise de grandes massas de dados (big data), robótica autônoma, realidade virtual e aumentada, simulações computacionais, e manufatura aditiva [1].

A manufatura aditiva, conhecida por impressão 3D, é uma tecnologia totalmente digital e fundamental da indústria 4.0. A tecnologia permite que um modelo virtual de um objeto previamente criado em um software de desenho assistido por computador (computer-aided design - CAD), possa ser enviado para uma impressora 3D que o reproduz na forma de um objeto físico utilizando diversos tipos de materiais. A manufatura aditiva tem evoluído rapidamente e mudado o foco dos métodos tradicionais de produção, oferecendo a possibilidade de criação de peças com geometria complexas em menor tempo e com custo reduzidos. Essa tecnologia permite a criação de ambientes propícios à inovação e tem grande potencial de crescimento em áreas específicas do mercado com tendências de customização de produtos. Nos últimos anos, a manufatura aditiva tem sido utilizada em aplicações de engenharia para criação de protótipos. Hoje, ela é utilizada em vários setores de fabricação, como aeroespacial, automóvel, marinha, construção, elétrica, sanitária, equipamentos de esporte e saúde [2].

A manufatura aditiva é uma tecnologia de fabricação pela adição sucessiva de material em camadas por meio de diferentes processos. A tecnologia pode ser classificada pela forma da matéria prima utilizada (líquido, sólido e pó) ou pelo princípio de energia utilizado no processamento das camadas [2]. A aplicação da manufatura aditiva na área da saúde proporciona muitos benefícios como: customização e personalização de produtos médicos, medicamentos e equipamentos, além de melhor custo-efetividade, aumento de produtividade, e democratização do design e da fabricação [1]. As principais áreas de aplicação são: Criação de órteses, próteses e implantes; modelos anatômicos personalizados; produção de tecidos e órgãos; e pesquisas na área farmacêutica. Neste Capítulo serão apresentadas vantagens, limitações e perspectivas futuras do uso do processo de modelagem por fusão e deposição (*Fused Deposition Modeling,* FDM) na engenharia biomédica. Atualmente, este é o processo de manufatura aditiva mais comum e acessível devido ao custo do material e equipamento necessário.

4.2. FUSED DEPOSITION MODELING (FDM)

Três processos de manufatura aditiva se destacam, no desenvolvimento de novos produtos, tanto na indústria quanto na pesquisa. O processo FDM utiliza um polímero termomoldável como matéria prima que ao ser aquecido, é derretido e depositado em camadas sucessivas para formar o objeto. A estereolitografia, (*stereolithography,* SLA) é um processo no qual um fotopolímero (resina líquida) é solidificado a partir de um feixe de laser UV formando o objeto. Esse processo permite alta acurácia, mas tem um elevado custo do material e equipamento [3]. O terceiro processo é a sinterização seletiva a laser (*selective laser sintering,* SLS) que é similar ao processo SLA, mas tem custo um pouco menor, que utiliza como matéria prima um pó que pode ser composto por materiais termoplásticos, metal, cerâmica e outros [4].

O processo FDM, criado na década de 1980, foi comercializado pela empresa americana Stratasys no início dos anos 90. Hoje existem vários tipos de impressoras 3D do tipo desktop, inclusive de produção nacional, com custo variando entre R$ 2.000,00 e 45.000,00, que utilizam o processo FDM. Para a manufatura de um objeto que foi previamente modelado em um software CAD, um filamento termoplástico é aquecido e derretido ao passar por uma cabeça de extrusão. Esse material é depositado ordenadamente em sucessivas camadas em uma plataforma através do bico de extrusão (Fig. 4.2). Na maioria das impressoras 3D, o bico de extrusão se movimenta ao longo dos eixos X e Y, enquanto a plataforma de impressão se movimenta ao longo do eixo Z. Devido às características típicas do processo FDM, as peças produzidas em material termoplástico apresentam uma grande variação de suas propriedades materiais. A resistência mecânica entre as camadas (eixo Z) é significantemente menor do que nas regiões em direção ao eixo X e Y, assim qualquer tentativa de melhorar a resistência mecânica de peças feitas pelo processo FDM deve ser feita considerando este fato [5].

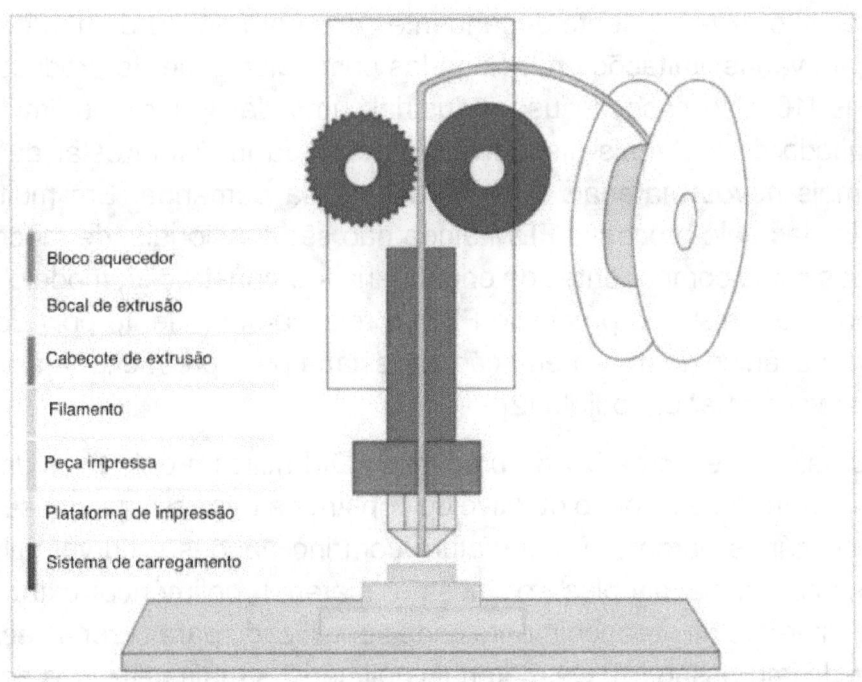

Figura 4.2 – Representação esquemática do processo FDM. Figura adaptada de [5] por Thiago Leme.

A resistência mecânica do filamento utilizado no processo FDM não é o parâmetro mais importante para a determinação da resistência mecânica da peça impressa. A resistência e estabilidade obtida entre as camadas da peça são fatores determinados por parâmetros de impressão como orientação, velocidade, preenchimento e outros. Apesar de oferecer essas limitações, o processo FDM tem sido utilizado para a produção de peças em vários setores da indústria devido à reliabilidade, custo acessível, efetividade de produção com boa resolução e estabilidade dimensional, possibilidade de customização, e por permitir a fabricação de geometrias complexas [6-8].

4.3. MATERIAIS UTILIZADOS NO PROCESSO FDM

A cabeça de extrusão dos equipamentos de impressão 3D que utilizam o processo FDM opera com uma temperatura máxima de cerca de 300°C. Por isso, os únicos materiais que podem ser utilizados nesse processo são aqueles com baixa temperatura de fusão, como polímeros termoplásticos e outros [9]. Além disso, somente alguns tipos de materiais poliméricos, que são controlados termicamente, possuem parâmetros adequados para serem aproveitados no processo FDM. Características da peça impressa tais como resistência, acabamento da superfície e porosidade são extremamente dependentes dos parâmetros do material utilizado e apresentam várias limitações relacionadas com velocidade de produção e o tipo de materiais [10]. No caso de uso industrial, uma das principais limitações é o número limitado de materiais disponíveis, apesar da indústria estar desenvolvido cada vez mais novos materiais para atender essa demanda. Em muitos casos, peças fabricadas pelo processo FDM ainda não são funcionais, de modo que elas são utilizadas como componentes de engenharia, demonstração, modelo conceitual ou protótipo. Além disso, o processo FDM é relativamente lento pois depende de um sistema mecânico de movimentação cartesiana para preencher a área de cada camada que vai formar um objeto [2].

Algumas impressoras 3D de processo FDM utilizam dois tipos de filamento com materiais diferentes, com o objetivo de construir a peça e fazer um suporte para regiões necessárias durante a manufatura com inclinações e curvas. No entanto, em impressoras mais simples, o mesmo material polimérico extrudado com quantidade diferente de preenchimento pode ser utilizado para fazer a peça principal e o suporte de impressão [6]. Os materiais poliméricos mais utilizados no processo FDM são o acrilonitrila butadieno estireno (*acrylonitrile–butadiene styrene*, ABS), ácido polilático (*polylactic acid*, PLA) e uma variação do polietileno tereftalato (*polyethylene terephthalate*, PET) chamado de PETG [11].

O ABS é um material termoplástico, derivado do petróleo, com temperatura de transição vítrea aproximada de 105 °C, com boa resistência ao impacto e ao calor, de fácil processamento, leve e que apresenta um pouco de flexibilidade. Algumas desvantagens do ABS são a variação dimensional de peças impressas e o efeito *warp* de deformação da peça ao resfriar, por isso, esse material não é indicado para produção de peças muito pequenas. No mercado existem filamentos ABS de vários tipos e cores, por exemplo, reforçado com fibras de carbono, com diferentes propriedades mecânicas, biocompatibilidade e alguns suportam processos de esterilização simples para uso na área médica. O polímero PLA é biodegradável, derivado de fontes renováveis como amido de milho, mandioca e cana de açúcar, tem temperatura de transição vítrea próxima de 60° C e pode ser utilizado em várias aplicações na saúde. Para uso na área médica, o PLA oferece a vantagem de ser resistente à limpeza com desinfetantes comuns, mas não pode ser esterilizado em uma autoclave pois não resiste às temperaturas acima de 60° C. Se o objeto impresso em PLA for mantido em ambiente seco, com temperatura ambiente e sem receber luz solar direta, ele pode manter as propriedades mecânicas por anos [12]. O PETG apresenta boa resistência e durabilidade alta com flexibilidade média.

Outros materiais utilizados no processo FDM são a poliamida, (*polyamide* ou *nylon,* PA), policarbonato (*polycarbonato,* PC), polimetilmetacrilato (*polymethyl methylacrylate*, PMMA), polietileno (*polyethylene*, PE) e polipropileno (*polypropylene*, PP). Os materiais compósitos são os mais populares para uso em aplicações industriais que requerem peças com estrutura mais resistente. Materiais com combinação de polímeros como ABS e PC, PLA e PC, ou PE e PP podem ser utilizados para que a resistência mecânica da peça produzida seja elevada. Os elastômeros termoplásticos (*thermoplastic elastomers*, TPE) são plásticos com qualidades similares à borracha, extremamente flexíveis e duráveis.

O desenvolvimento de novos materiais compatíveis com o processo FDM tem aumentado a faixa de opção de produtos a serem manufaturados e tem estimulado a competição industrial. [10] apresentam novos materiais compósitos para uso no processo FDM como os cerâmicos que são reforçados por fibra e matriz polimérica. Nos últimos anos, os parâmetros de impressão destes materiais têm sido otimizados para melhorar suas propriedades mecânicas favorecendo a sua introdução na indústria e aplicação em diversos setores. O desenvolvimento de biocompósitos têm trazido muitos avanços tecnológicos na área médica, melhorando os métodos de diagnóstico, tratamento e reabilitação; produção de implantes e suportes para engenharia de tecidos. Vários parâmetros críticos dos polímeros influenciam a qualidade de uma peça produzida pelo processo FDM [13]. As pesquisas que exploram o uso de novos materiais a serem utilizados como filamento no processo FDM têm se concentrado na otimização desses parâmetros, nas interrelações entre diferentes processos e no efeito destas no produto final. Os principais parâmetros a serem considerados no processo FDM são a espessura da camada impressa, diâmetro do bico de extrusão, temperatura e velocidade de extrusão, velocidade de preenchimento e orientação com base no ângulo de impressão. Para a otimização do processo FDM, todos parâmetros precisam ser controlados em busca de qualidade, precisão dimensional, menor porosidade, melhores propriedades mecânicas e menor deformação da peça [10].

4.4. APLICAÇÃO DO PROCESSO FDM NA ENG BIOMÉDICA

A Engenharia Biomédica é um ramo da engenharia que integra as ciências exatas e ciências da saúde com uma nova abordagem. A manufatura aditiva tem sido utilizada em diversas aplicações na engenharia biomédica. O processo FDM permite que inovações sejam criadas, prototipadas e validadas na área médica expandindo o potencial de uso desta tecnologia. Por exemplo, a criação de acessórios em PLA para equipamentos de imagem médica e dispositivos ópticos [12, 14]. No entanto, apesar de recentes avanços médicos significativos com uso de manufatura aditiva e o processo FDM, ainda existem muitos desafios científicos e regulatórios a serem superados [15-16]. Várias empresas de dispositivos médicos têm surgido para atender um mercado customizado e de alto valor agregado com o uso da manufatura aditiva. As inovações desenvolvidas se beneficiam da possibilidade de integrar a manufatura aditiva às técnicas de processamento de imagens médicas 2D no formato *digital imaging and communication in medicine* (DICOM), como tomografia computadorizada (TC) e ressonância magnética (RM).

4.4.1. Engenharia de reabilitação: Próteses e Órteses

Uma das primeiras aplicações de manufatura aditiva na engenharia biomédica tem sido a criação de dispositivos personalizados para reabilitação como próteses e órteses. Próteses são dispositivos que substituem parcialmente ou totalmente a função um membro perdido e as órteses têm a função de retificar ou imobilizar uma estrutura do corpo. A manufatura aditiva desses dispositivos pelo processo FDM pode substituir o modo convencional de confecção, que requer o uso de moldes de gesso, além de possibilitar a produção de dispositivos mais leves, vazados, ergonômicos e oferecer mais opções de modelos e cores.

A primeira prótese de mão produzida pelo processo FDM de manufatura aditiva e foi criada em 2013, pela Organização Não Governamental (ONG) Robohand, na África do Sul. Esse projeto foi iniciado a partir da colaboração entre um carpinteiro, que perdeu parte da mão em um acidente de trabalho, e um designer americano que já fazia uso de impressão 3D. O funcionamento desta prótese mecânica é simples, todas as peças são de plástico e o acionamento dos dedos é feito por fios e elásticos a partir do movimento da articulação do punho. O modelo de prótese foi disponibilizado livremente na internet no modo *open design* para ser produzido por manufatura aditiva.

A ONG Robohand recebeu o prêmio Rockefeller Innovators Award como destaque de inovação do século por criar uma nova forma de produção de prótese de membro superior de modo mais rápido e com menor custo. A Robohand deu origem à Fundação americana e-Nable que usa mapas online com ferramentas do *Google* para conectar pessoas que precisa de uma prótese; pessoas que possuem uma impressora 3D e querem imprimir próteses; e pessoas que têm conhecimento de modelagem 3D e podem melhorar os modelos de prótese existentes [17]. A partir deste modo colaborativo foram criados novos modelos de próteses de mão mais bonitos, leves e funcionais, sem registro de patente e de domínio público [18]. Essas próteses podem ser produzidas em várias cores a partir de modelos 3D que podem ser escalados para acompanhar o crescimento infantil, além disso as próteses podem ser personalizadas com desenhos e cores de super-heróis. Esses fatores podem melhor a estética da prótese e a autoestima de crianças com deficiência física [19]. No entanto faltam ainda evidências e pesquisas com respeito à aceitação, funcionalidade e durabilidade destes dispositivos [20].

O Programa de Pesquisa e Extensão Mao3D do Instituto de Ciência e Tecnologia da Universidade Federal de São Paulo (Unifesp) foi criado com o objetivo de protetizar e reabilitar crianças e adultos com malformação ou amputação de membro superior a partir dos modelos de próteses disponibilizados pela e-Nable (Fig. 4.4.1a) [21]. Para mais informações ver o site no link www.mao3d.com.br.

Figura. 4.4.1a Prótese de membro superior baseada criada com base em um modelo *open design* e produzida pelo processo FDM em material polimérico (Arquivo Mao3D).

Na área de prótese auricular ou de orelha, algumas metodologias têm sido desenvolvidas para produção de prótese de silicone de grau médico, a partir do molde da orelha remanescente produzido por manufatura aditiva. Esse processo permite a automação da manufatura, diminui o custo e melhora a qualidade da prótese. Em 2014 foi realizado o primeiro estudo no Brasil explorando o processo FDM para a produção de prótese auricular. A geometria da orelha de uma voluntária foi reconstruída em 3D a partir de imagens de TC [22]. Três moldes da orelha foram criados em um software CAD baseado na reconstrução do pavilhão auricular normal de uma voluntária. Assim, três tipos de moldes auriculares foram produzidos pelo processo FDM e SLS, em materiais PLA, ABS e resina fotopolimérica. A partir dos moldes, as próteses auriculares foram produzidas em silicone de grau médico. O estudo indicou a qualidade do molde produzido pelo processo SLS como superior à qualidade do molde produzido pelo processo FDM.

Com o objetivo de diminuir o custo de produção, [23] aprimoraram o processo FDM para a produção de próteses auriculares [22]. Quatro métodos de aquisição da estrutura externa do pavilhão auricular de uma voluntária foram investigados para a produção dos moldes: fotogrametria, escaneamento 3D, reconstrução 3D de imagens de TC e modelagem 3D parametrizada. As próteses auriculares produzidas a partir de imagens de TC e pigmentadas apresentaram ótimo resultado estético com apenas 3% de erro dimensional (Fig. 4.4.1b). Análises mecânicas por ensaios de resistência à tração e dureza do silicone revelaram que a resistência mecânica das próteses produzidas não foram alteração pelo processo de pigmentação. Os resultados desse estudo demonstram a viabilidade de uma metodologia acessível para a produção de próteses de orelhas utilizando softwares livres, impressoras 3D e materiais disponíveis no mercado nacional. A pesquisa confirmou a viabilidade da produção de uma prótese auricular e gerou a criação da startup FigmentFace que fornece próteses de orelha para o mercado nacional.

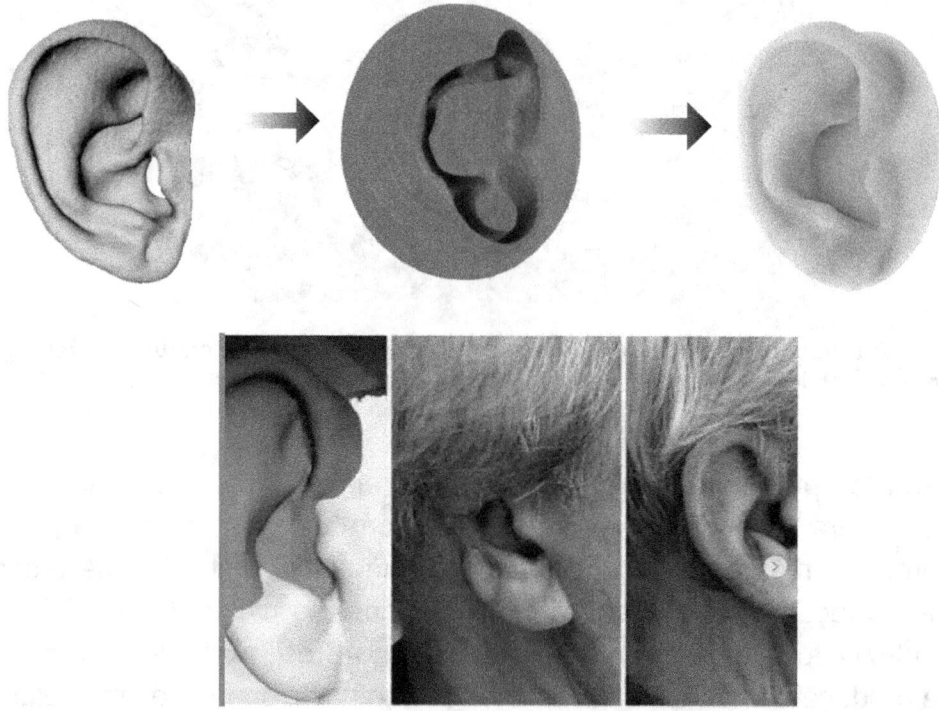

Figura 4.4.1b Prótese estética de orelha de silicone produzida com o processo FDM [23]

As órteses podem ser classificadas como estáticas, dinâmicas ou híbridas. A órtese estática é utilizada para a estabilização do membro em uma posição específica para melhorar a função ou prevenir contraturas musculares [24]; a órtese dinâmica permite mobilidade controlada das articulações, restaurando os movimentos; e a órtese híbrida, combina as características da órtese dinâmica com sistema de eletroestimulação neuromuscular [25]. As órteses são utilizadas na reabilitação de sequelas de diversas patologias. A maioria dos casos de paralisia cerebral infantil (85%) requerem o uso de órtese tornozelo-pé de forma provisória ou contínua para alinhar, prevenir e corrigir a deformidade melhorando a realização da marcha [26]. Desde 2013, algumas pesquisas têm explorado a produção de órtese do tipo tornozelo-pé pelo processo FDM [27]. A geometria externa da região do pé e perna pode ser reconstruída por meio de medidas antropométricas ou escaneamento 3D, a seguir é feita a modelagem 3D da órtese. A partir da digitalização é possível simplificar a produção de uma órtese personalizada com uso da manufatura aditiva. Essa metodologia tem vantagem em relação ao método convencional de confecção de órtese por não requerer contato com o paciente para aquisição do molde de gesso.

[28] investigaram a utilização do processo FDM com o filamento PLA comum e PLA com reforço de fibra de carbono para criar órteses tornozelo-pé. O custo estimado da órtese de PLA com reforço de fibra de carbono foi cerca de € 200,00 e o tempo de impressão de 16 horas. O estudo mostrou que a adesão de PLA para compósitos de fibra de carbono é suficiente para fins de prototipagem. Outras pesquisas têm explorado o uso de materiais como ABS, nylon, PETg e poliuretano, mas poucas pesquisas realizaram ensaios mecânicos ou clínicos com voluntários. [27] demonstrou a viabilidade de desenvolvimento de uma órtese personalizada para uma criança com paralisia cerebral utilizando o processo FDM com os materiais ABS e PLA em impressoras 3D de baixo custo (Fig. 4.4.1c).

Figura 4.4.1c Processo de produção de uma órtese tornozelo-pé personalizada para uma criança com paralisia cerebral [27]

Outro exemplo de inovação com o uso da tecnologia de manufatura aditiva e o processo FDM é a produção de dispositivos de tecnologia assistiva na medicina veterinária (Fig. 4.4.1d-f) [29-30]. Diversos tipos de animais silvestres precisam de dispositivos personalizados para substituição de uma estrutura perdida por doença adquirida ou traumas. O processo FDM permite a produção de estruturas rígidas que podem ser inclusive pintadas para manter a cor original e aumentar a aceitação por parte do animal. A Pineal5D é uma startup de Curitiba que desenvolve próteses e cadeiras de rodas por impressão 3D para cães e gatos (Fig. 4.4.1f).

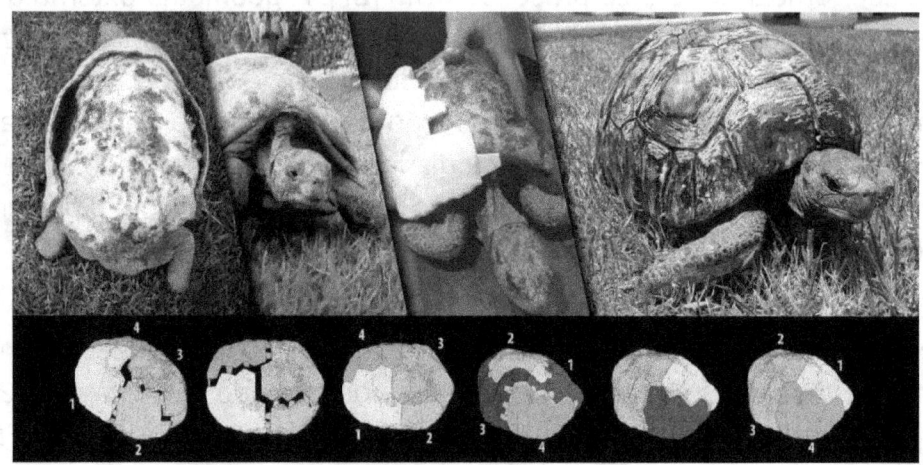

Figura 4.4.1d Prótese de casco de jabuti produzida em PLA pelo processo FDM [29]

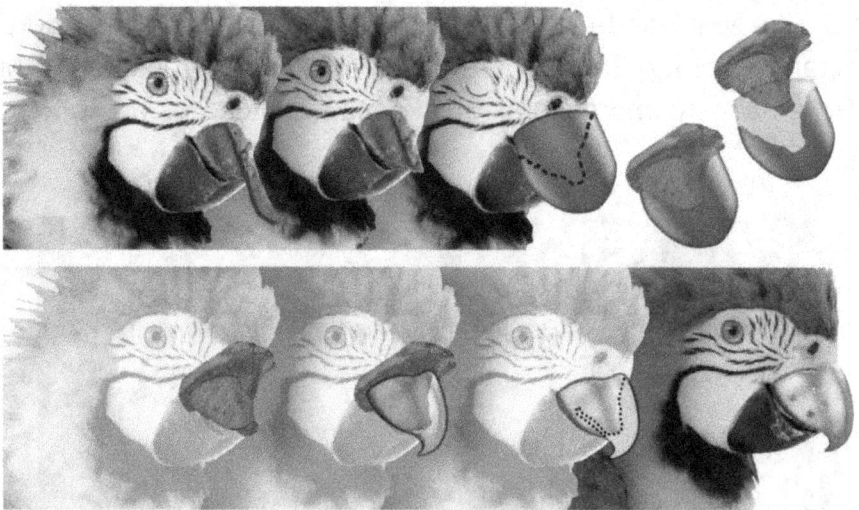

Figura 4.4.1e Prótese de bico de papagaio produzida em PLA pelo processo FDM [30]

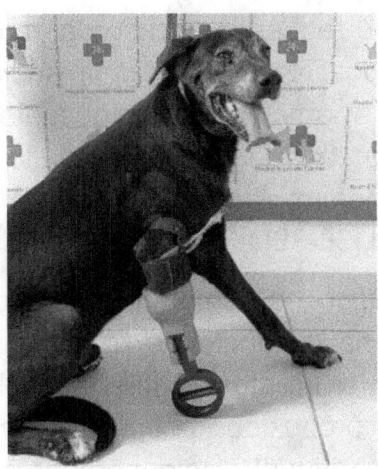

Figura 4.4.1f Prótese de membro dianteiro de um cão de grande porte produzida em ABS e material flexível pelo processo FDM [cedida pela empresa Pineal5D]

4.4.2. Biomodelos para diagnóstico, planejamento cirúrgico e ensino

A criação de modelos anatômicos para diagnóstico, planejamento cirúrgico e ensino foi uma das primeiras aplicações de manufatura aditiva na área médica [31-33]. Biomodelo é um modelo anatômico físico de uma estrutura do corpo humano que pode ser criado a partir de um modelo digital gerado pelo processamento de imagens médicas e uma impressora 3D. A manufatura aditiva permite a criação de biomodelos de partes anatômicas extremamente complexas. A seleção do material utilizado para a criação de biomodelos depende da aplicação e o procedimento pode ser dividido em duas fases: 1. Modelagem virtual: A reconstrução 3D de uma estrutura do corpo pode ser feita com uso de softwares específicos para processamento de imagens médicas, como TC ou RM, para a criação de um modelo digital 3D da estrutura; e 2. Prototipagem do modelo físico: o modelo digital 3D é reproduzido fisicamente em uma impressora 3D utilizando uma grande variedade de material e processos.

Nos últimos anos, muitas técnicas cirúrgicas minimamente invasivas, assistidas por robô e com uso de realidade virtual, têm sido desenvolvidas para melhorar a qualidade das operações, redução de riscos e melhor reabilitação do paciente. A manufatura aditiva tem sido utilizada para fabricar biomodelos físicos para auxiliar no planejamento em cirurgias mais complexas [34]. Biomodelos personalizados reproduzem informações da estrutura física de estruturas internas do corpo humano que podem ajudar no diagnóstico e na decisão médica em relação a realização de um determinado procedimento cirúrgico ou tratamento. Os modelos 3D de estruturas do corpo humano são mais fáceis de serem interpretados do que as imagens médicas que geralmente são em formato 2D. Além disso, em diversos procedimentos cirúrgicos são requeridos o uso de implantes personalizados para substituir estruturas danificadas. Neste caso, um planejamento cirúrgico inicial com um biomodelo pode definir previamente a forma do material a ser implantado. Desse modo, diversos tipos de cirurgia já têm se beneficiado do uso de biomodelos, por exemplo, em tratamento de deformidades [34], na cardiologia, e cirurgias de coluna [35], craniofacial maxilofacial [36-38] e de quadril [39].

Na área de ensino médico, os biomodelos oferecem uma melhor visualização da estrutura externa e interna da anatomia humana normal ou patológica. Eles podem ser feitos em cores diferentes ilustrando melhor os tipos de tecidos e patologias [40]. Biomodelos produzidos por manufatura aditiva podem ser ainda combinados com treinamento virtual e teleoperadores hápticos em treinamentos multidisciplinares, desenvolvimento de novas metodologias cirúrgicas e no planejamento cirúrgico. Apesar do processo FDM não ser o mais adequado para a criação de biomodelos em relação a acurácia da peça produzida, biomodelos mais simples têm sido criados tanto para planejamento cirúrgico, reduzindo o tempo de operação (Fig. 4.4.2a), quanto para o ensino na área de ortopedia, substituindo em alguns casos o uso de peças cadavéricas (Fig. 4.4.2b). De modo geral, a manufatura aditiva e o processo FDM oferecem muitas oportunidades para a pesquisa médica, visto que um biomodelo pode esclarecer processos fisiológicos complexos associados aos diversos tipos de patologias [41-42]

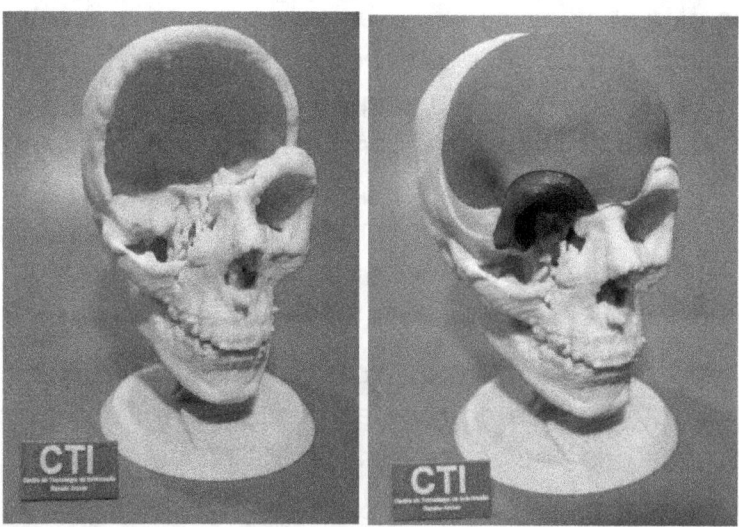

Figura 4.4.2a Biomodelo para planejamento cirúrgico e desenvolvimento de prótese personalizada utilizando a tecnologia FDM (imagens cedidas pelo CTI Renato Archer de Campinas)

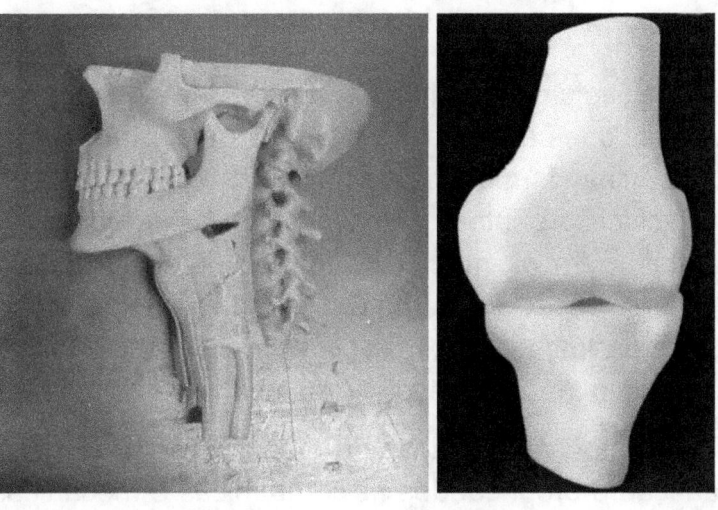

Figura 4.4.2b Biomodelos para ensino substituindo peças cadavéricas

4.4.3 Engenharia de tecidos e medicina regenerativa

A área de engenharia de tecidos e medicina regenerativa explora conhecimentos de biologia, ciência dos materiais, engenharia e medicina para desenvolver processos que possam substituir ou regenerar células, tecidos ou órgãos humanos, restaurando suas funções normais. *Scaffolds* são estruturas 3D porosas utilizadas para estimular o desenvolvimento celular e a regeneração de tecidos do corpo como suporte para promoção da proliferação celular. Idealmente, o *scaffold* deve ser uma estrutura altamente porosa, com uma rede de poros interconectada com tamanho bem definidos que permita a migração e infiltração de células [43].

Diversos processos de manufatura aditiva têm sido empregados nesta área. O processo SLS permite a produção de estruturas bem definidas que podem ser utilizadas como *scaffolds*. Mas, devido ao custo elevado do processo SLS, o processo FDM tem sido utilizado também apresentado bons resultados [44-45]. Algumas pesquisas têm investigado o uso do processo FDM para a fabricação de *scaffolds* com materiais poliméricos bioabsorvíveis, ou seja, material que é absorvível pelo corpo sem causar danos à saúde. No entanto, até o momento, as vias regulatórias e custos associados com a introdução de novos materiais bioabsorvíveis produzidos pelo processo FDM nesta área tem sido difícil de serem superados. Por exemplo, o uso de materiais baseado em polímeros já aprovados pela *Federal Drug Administration* (FDA) para a produção de filamentos de grau médico a ser utilizado em dispositivos implantáveis [46].

Materiais para uso em engenharia de tecido devem exibir propriedade físico-químicas e mecânicas que permitam modular o comportamento celular, incluindo a mecanotransdução, a transformação de sinal mecânico em biológico que controla a degradação dos tecidos. As interações entre células e tecidos são de natureza complexa pois influenciam os processos intracelulares levando à promoção ou inibição do crescimento do tecido. Durante o remodelamento do tecido de uma dada parte do corpo, especialmente em um volume maior de aplicação, a integridade estrutural e mecânica do material deve ser mantida.

[46] avaliaram as características de manufaturabilidade por impressão 3D, efeitos da degradação e propriedades físico-químicas e mecânicas de quatro tipo de filamentos de grau médico (Dioxaprene® 100 M, Max-Prene® 955, Lactoprene® 100 M, Caproprene® TM 100 M (Poly-Med, Inc., Anderson, SC, USA). O objetivo do estudo foi avaliar a possibilidade de uso destes materiais no processo FDM para produção de *scaffolds* a serem utilizados em tecidos moles e rígidos do corpo humano. Os resultados da pesquisa indicaram que os filamentos Max-Prene® 955 e Lactoprene® 100 M são indicados para aplicações de engenharia em tecido rígido com o tecido músculo esquelético.

A manufatura aditiva já é considerada uma tecnologia indispensável para a realização de pesquisas em engenharia de tecidos, devido a sua capacidade de manufatura e controle de parâmetros. O processo FDM está sendo utilizado como uma opção de custo mais acessível em impressoras do tipo desktop permitindo que as pesquisas possam ser realizadas sem um custo inicial muito elevado.

4.4.4 Drug delivery systems

Drug delivery é um sistema de administração farmacêutica controlado de medicamentos no corpo humano ou animal para obtenção de uma melhor distribuição e absorção no tecido alvo para fins terapêuticos [47]. O processo FDM pode ser utilizado para a criação de dispositivos customizados para *drug delivery* com doses mais precisas de medicamentos [48].

[49] publicaram uma revisão sobre a aplicação do processo FDM em *drug delivery* destacando os avanços, vantagens, limitações e possíveis aplicações futuras nesta área. O processo FDM permite o desenvolvimento de ideias inovadoras na área de *drug delivery* superando as limitações e desvantagens dos sistemas tradicionais. *Drug delivery* pode ser realizada a partir de vários processos de manufatura aditiva: 3D Printing Inkjet-Based, 3D Printing Extrusion-Based

Deposition, 3D Laser-Based Printing, 3D Printing Powder-Based Distribution e FDM [50]. O aumento do uso do processo de FDM na área é atribuído às suas numerosas vantagens como a possibilidade de manufaturar comprimidos personalizados para um paciente ou cápsulas com alta precisão e fabricação de geometrias variadas e propriedades controladas [50- 52]. Somente alguns tipos de polímeros têm sido investigados para sistemas de *drug delivery*. Os mais comuns são *poly vinyl alcohol* (PVA) e *ethylene vinyl acetate* (EVA) [50]. O processo de FDM permite o uso de mais de uma extrusora na impressora 3D imprimindo ao mesmo tempo, assim, dois ou mais polímeros com diferentes propriedades medicinais podem ser impressos ao mesmo tempo para a fabricação de um sistema de *drug delivery* com mais de um medicamento [49].

4.5. CONSIDERAÇÕES FINAIS

A expansão da tecnologia de manufatura aditiva tem produzido muitos dispositivos inovadores na área de engenharia biomédica. A inovação fica por conta de diferentes processos e materiais que podem ser utilizados na produção de dispositivos personalizados gerando uma infinidade de soluções. O processo FDM, apesar de apresentar uma série de limitações relacionadas à resistência mecânica, precisão dimensional e acabamento da peça, permite a criação de diversos dispositivos inovadores com bons resultados. A possibilidade de adaptar alguns dispositivos para pacientes específicos é uma grande vantagem, mas representa um grande desafio pois estruturas personalizadas têm introduzido a necessidade de mudanças regulatórias da qualidade dos produtos e legislação. Em alguns casos, questões relacionadas com biocompatibilidade do material e processo de esterilização mais adequado precisam ser consideradas. Uma grande vantagem do uso do processo FDM é que o mercado nacional disponibiliza impressoras de baixo custo e polímeros de boa qualidade que podem ser utilizados para a maioria das aplicações citadas, além do uso de softwares livres para realizar a modelagem 3D. Estas vantagens têm democratizado o uso do processo FDM na área de engenharia biomédica e as perspectivas futuras apontam para cada vez mais desenvolvimentos.

REFERÊNCIAS

[1] Silva JVL. 2018. A manufatura aditiva (impressão 3D) e o caminho para a Indústria 4.0. Disponível em https://medium.com/hist%C3%B3rias-weme/a-manufatura-aditiva-impress%C3%A3o-3d-e-o-caminho-para-a-ind%C3%BA stria-4-0-c13f22d29e1f. Acessado em janeiro de 2019.

[2] Volpato N. Manufatura aditiva: Tecnologias e aplicações da impressão 3D. Blucher. 2017 São Paulo.

[3] Sinn DP, Cillo JE, Miles BA: Stereolithography for craniofacial surgery. The Journal of Craniofacial Surgery 2006, 17(5):869-875.

[4] Chua CK, Leong KF, KH Tan, Wiria FE, Cheah CM. Development of tissue scaffolds using selective laser sintering of polyvinyl alcohol/ hydroxyapatite biocomposite for craniofacial and joint defects. Journal of Material Science: Materials in Medicine 2004, 15:1113-1121.

[5] Kuznetsov VE, Solonin AN, Urzhumtsev OD, Schilling R, Tavitov AG. (2018). Strength of PLA Components Fabricated with Fused Deposition Technology Using a Desktop 3D Printer as a Function of Geometrical Parameters of the Process. Polymers, 10(3), 313.

[6] Long J et al. Application of fused deposition modelling (FDM) method of 3D printing in drug delivery. Current pharmaceutical design, v. 23, n. 3, p. 433-439, 2017.

[7] Masood SH, Song WQ, 2004. Development of new metal/ polymer materials for rapid tooling using fused deposition modelling. Materials and design, 25, 587–594.

[8] Harun WSW, et al., 2009. Characteristic studies of collapsibility of ABS patterns produced from FDM for investment casting. Materials Research Innovations, 13 (3), 340–343.

[9] Bala SA et al. Elements and materials improve the FDM products: A review. In: Advanced Engineering Forum. Trans Tech Publications, 2016. p. 33-51.

[10] Mohan N et al. A review on composite materials and process parameters optimisation for the fused deposition modelling process. Virtual and Physical Prototyping, v. 12, n. 1, p. 47-59, 2017.

[11] Novakova-Marcincinova L, Kuric I. (2012). Basic and advanced materials for fused deposition modeling rapid prototyping technology. Manuf. and Ind. Eng, 11(1), 24-27.

[12] Herrmann KH, Gärtner C, Güllmar D, Krämer M, Reichenbach JR. (2014). 3D printing of MRI compatible components: Why every MRI research group should have a low-budget 3D printer. Medical engineering & physics, 36(10), 1373-1380.

[13] Anitha R, Arunachalam S, Radhakrishnan P. Critical parameters influencing the quality of prototypes in fused deposition modelling. J Mater Process Technol 2001; 118:385–8.

[14] Zhang C, Anzalone NC, Faria RP, Pearce JM. (2013). Open-source 3D-printable optics equipment. PloS one, 8(3), e59840.

[15] Bagaria V et al. Medical applications of rapid prototyping - a new horizon. INTECH Open Access Publisher, 2011.

[16] Ventola CL. Medical applications for 3D printing: current and projected uses. PT, v. 39, n. 10, p. 704-711, 2014.

[17] Enabling The Future [Online]. [cited 2015 Jun 19]. Available from: http://enablingthefuture.org/

[18] Zuniga J, Katsavelis D, Peck J, Stollberg J, Petrykowski M, Carson A, Fernandez C. (2015). Cyborg beast: a low-cost 3d-printed prosthetic hand for children with upper-limb differences. BMC research notes, 8(1), 10.

[19] Sullivan M, Oh B, Taylor I. (2017). 3d Printed Prosthetic Hand.

[20] Ten Kate J, Smit G, Breedveld P. (2017). 3D-printed upper limb prostheses: a review. Disability and Rehabilitation: Assistive Technology, 12(3), 300-314.

[21] Kunkel, ME. iMaster. Mao3D- O programa colaborativo que reúne inovação, tecnologia e inclusão. Disponível em https://imasters.com.br/tecnologia /mao3d-o-programa-colaborativo-que-reune-inovacao-tecnologia-e-inclusao acesso em janeiro de 2019.

[22] Artioli BO, Maluf NN, Roxo VGL. Produção de um protótipo de prótese de pavilhão auricular. Monografia Pontifícia Universidade Católica de São Paulo, 2014.

[23] Artioli BO, Kunkel ME, Mestanza SN. (2019). Feasibility study of a methodology using additive manufacture to produce silicone ear prostheses. In World Congress on Medical Physics and Biomedical Engineering 2018 (pp. 211-215). Springer, Singapore.

[24] Wingstrand M, Hägglund G, Rodby-Bousquet E. Ankle-foot orthoses in children with cerebral palsy: a cross sectional population-based study of 2200 children. BMC musculoskeletal disorders, v. 15, n. 1, p. 327, 2014.

[25] Agnelli L.B, Toyoda CY. Estudo de materiais para confecção de órteses e sua utilização prática por terapeutas ocupacionais no Brasil. Cadernos de Terapia Ocupacional da UFSCar, São Paulo, v. 11, n. 2, p. 83-94, 2003.

[26] Lucarelli PRG et al. Changes in joint kinematics in children with cerebral palsy while walking with and without a floor reaction ankle-foot orthosis. Clinics, v. 62, n. 1, p. 63-68, 2007.

[27] Juvenal EAO. Metodologia inovadora para produção de órtese tornozelo e pé por meio da manufatura aditiva. 134p. Dissertação (Mestrado) - Universidade Federal do ABC, Santo André. 2018

[28] Munguia J, Dalgarno KW. Ankle Foot Orthotics Optimization by the means of Composite Reinforcement of Free-Form Structures. Paper presented at the 24th Annual International Solid Freeform Fabrication Symposium: An Additive Manufacturing Conference, Texas, 2013.

[29] Moraes C. Próteses veterinárias. Jabuti Freddy. Disponível em http://ciceromoraes.com.br/doc/_pt_br/Moraes/Jabota_Freddy.html acesso em janeiro de 2019.

[30] Moraes C. Próteses veterinárias. Disponível em http://ciceromoraes.com.br/doc/pt_br/Moraes/ProteseV.html acesso em janeiro de 2019.

[31] Chua CK, Chou SM, Lin SC, Eu KH, Lew KF. (1998). Rapid prototyping assisted surgery planning. The International Journal of Advanced Manufacturing Technology, 14(9), 624-630.

[32] Rosa ELSD, Oleskovicz CF, Aragao BN. (2004). Rapid prototyping in maxillofacial surgery and traumatology. Brazilian Dental Journal, 15(3), 243-247

[33] Ahn DG, Lee JY, Yang DY. (2006), Rapid prototyping and reverse engineering application for orthopedic surgery planning, Journal of Mechanical Science and Technology, Vol. 20 No. 1, pp. 19-128.

[34] Negi S, Dhiman S, Sharma RK. Basics and applications of rapid prototyping medical models. Rapid Prototyping Journal. 20/3 (2014) 256–267

[35] Guarino J, Tennyson S, McCain G, Bond L, Shea K, King H. (2007). Rapid prototyping technology for surgeries of the pediatric spine and pelvis: benefits analysis. Journal of Pediatric Orthopaedics, 27(8), 955-960.

[36] Faber J, Berto PM, Quaresma M. (2006). Rapid prototyping as a tool for diagnosis and treatment planning for maxillary canine impaction, American Journal of Orthodontics and Dentofacial Orthopedics, Vol. 129 No. 4, pp. 583-589.

[37] Maravelakis E, David K, Antoniadis A, Manios A, Bilalis N, Papaharilaou Y. (2008). Reverse engineering techniques for cranioplasty: a case study, Journal of Medical Engineering and Technology, Vol. 32 No. 2, pp. 115-121

[38] Zenha H, Azevedo L, Rios L, Pinto A, Barroso ML, Cunha C, Costa H. (2011), The application of 3-D biomodelling technology in complex mandibular reconstruction-experience of 47 clinical cases, European Journal of Plastic Surgery, Vol. 34 No. 44, pp. 257-265.

[39] Dhakshyani R, Nukman Y, Osman NA, Vijay C. (2011). Preliminary report: rapid prototyping models for Dysplastic hip surgery. Open Medicine, 6(3), 266-270.

[40] Mori K, Yamamoto T, Oyama K, Nakao Y. (2009), Modification of three-dimensional prototype temporal bone model for training in skull-base surgery, Neurosurgery, Vol. 32 No. 2, pp. 233-239.

[41] Canstein C, Cachot P, Faust A, Stalder A, Bock J, Frydrychowicz A, Kuffer J, Hennig J, Markl M. (2008). 3D MR flow analysis in realistic rapid-prototyping model systems of the thoracic aorta: comparison with in vivo data and computational fluid dynamics in identical vessel geometries. Magn Reson Med 59:535–546

[42] Tek P, Chiganos T, Mohammed J, Eddington D, Fall C, Ifft P, Rousche P (2008) Rapid prototyping for neuroscience and neural engineering. J Neurosci Methods 172:263–269

[43] An J, Teoh JEM, Suntornnond R, Chua CK. (2015). Design and 3D printing of scaffolds and tissues. Engineering, 1(2), 261-268.

[44] Loh QL, Choong C. Three-dimensional scaffolds for tissue engineering applications: Role of porosity and pore size. Tissue Eng. Part B Rev., 2013, 19(6): 485–502.

[45] Hutmacher DW, Schantz T, Zein I, Ng KW, Teoh SH, Tan KC. Mechanical properties, and cell cultural response of polycaprolactone scaffolds designed and fabricated via fused deposition modeling. J. Biomed. Mater. Res., 2001, 55(2): 203–216.

[46] Mohseni M, Hutmacher DW, Castro NJ. Independent Evaluation of Medical-Grade Bioresorbable Filaments for Fused Deposition Modelling/Fused Filament Fabrication of Tissue Engineered Constructs. Polymers, v. 10, n. 1, p. 40, 2018.

[47] Tiwari G et al. Drug delivery systems: An updated review. International journal of pharmaceutical investigation, v. 2, n. 1, p. 2, 2012.

[48] Moulton SE, WALLACE GG. 3-dimensional (3D) fabricated polymer based drug delivery systems. Journal of Controlled Release, v. 193, p. 27-34, 2014.

[49] Long J, Gholizadeh H, Lu J, Bunt C, Seyfoddin A. (2017). Application of fused deposition modelling (FDM) method of 3D printing in drug delivery. Current pharmaceutical design, 23(3), 433-439.

[50] Goole J, AMIGHI K. 3D printing in pharmaceutics: A new tool for designing customized drug delivery systems. International journal of pharmaceutics, v. 499, n. 1-2, p. 376-394, 2016.

[51] Skowyra J, Pietrzak K, Alhnan MA. Fabrication of extended release patient-tailored prednisolone tablets via fused deposition modelling (FDM) 3D printing. Eur J Pharm Sci 2015; 68: 11-17.

[52] Goyanes A, Martinez PR, Buanz A, Basit AW, Gaisford S. (2015). Effect of geometry on drug release from 3D printed tablets. International Journal of Pharmaceutics, 494(2), 657-663.

Capítulo

5

Introdução aos Sistemas Computacionais de Alto Desempenho

Denise Stringhini e Álvaro Luiz Fazenda
Instituto de Ciência e Tecnologia, Universidade Federal de São Paulo - Unifesp

Abstract

This chapter presents basic features of high-performance computing systems from an overview of the hardware and software models employed. The Blue Gene/Q architecture is used as the basis for the presentation of the hierarchical structure of such systems. Thus, the levels of parallelism found in such machines are presented in a constructive way accompanied by the main programming paradigms employed. To illustrate such paradigms, small snippets of code in C language were included.

Resumo

Este capítulo apresenta características básicas de sistemas computacionais de alto desempenho a partir de uma visão geral dos modelos de hardware e software empregados. A arquitetura Blue Gene/Q é utilizada como base para a apresentação da estrutura hierárquica de tais sistemas. Assim, os níveis de paralelismo encontrados em tais máquinas são apresentados de forma construtiva acompanhados dos principais paradigmas de programação empregados. Para ilustrar tais paradigmas, pequenos trechos de código em linguagem C foram incluídos.

5.1. INTRODUÇÃO

Nas últimas décadas tem-se observado uma crescente necessidade do uso de plataformas de hardware e software capazes de processar grandes volumes de dados e executar cálculos complexos. O cenário de *High Performance Computing* (HPC) ou Processamento de Alto Desempenho (PAD) é composto de uma grande variedade de tipos de plataformas disponíveis, portanto uma compreensão das características básicas destes sistemas se faz necessária para a tomada de decisão em qualquer tipo de investimento na área.

Sistemas de alto desempenho são capazes de processar grandes volumes de dados e executar cálculos complexos. Por exemplo, pode-se pensar em uma aplicação para previsão de tempo. Este tipo de aplicação, normalmente, divide a atmosfera em uma grande quantidade de volumes tridimensionais (3D) e aplica a cada volume uma série de cálculos físicos, baseados em modelagem matemática, utilizando-se de determinados dados de entrada e, repetindo os cálculos de forma iterativa. Este tipo de aplicação consegue determinar o estado de várias propriedades físicas, permitindo assim prever o estado futuro da atmosfera. Quanto menor o volume 3D utilizado, mais precisa a previsão tenderá a ser, porém a quantidade de volumes será maior para uma mesma área de interesse e, portanto, mais demanda computacional que implica em mais tempo de processamento, considerando um mesmo recurso computacional. Dessa forma, pode-se imaginar um caso onde se pode obter alta precisão nas informações geradas, porém, finalizada em tempo proibitivo para utilidade prática. Este tipo de aplicação, assim como qualquer outra que necessite de respostas mais rápidas para problemas complexos, exige que sistemas computacionais de alto desempenho sejam empregados.

Sistemas de PAD possuem características bem específicas de hardware e software e podem ser definidos como um sistema que, em um determinado tempo, apresenta desempenho superior ao comparado à computadores usuais, de propósito geral (definição formal creditada a Jack Dongarra - *University of Tennessee*). O objetivo primordial destes tipos de sistema é a obtenção de desempenho, portanto não devem ser confundidos com sistemas puramente distribuídos. Sistemas distribuídos têm características mais abrangentes, não tendo necessariamente um compromisso com a obtenção de desempenho computacional. Além disso, sistemas distribuídos possuem um carácter mais funcional voltado ao compartilhamento de recursos.

Para se ter uma ideia do tamanho e capacidade dos maiores sistemas de PAD atualmente, vale a pena consultar a lista *Top 500* [1] que enumera bianualmente as 500 máquinas mais rápidas do mundo para uma determinada aplicação padrão. No momento da escrita deste capítulo (janeiro de 2019), a máquina mais rápida do mundo é a *Summit*, localizada no *Oak Ridge National Laboratory* nos Estados Unidos. *Summit* é uma máquina fabricada pela IBM que possui 2.397.824 *cores* (núcleos de computação ou processadores) e atingiu 143,5 *petaflops* ao executar o *benchmark* de referência utilizado pelo Top 500. Além do processador da família *Power* da IBM, a *Summit* é equipada com placas do tipo GPU da NVidia e com rede de interconexão do tipo *Infiniband* da Mellanox. Embora estas máquinas estejam fora do alcance financeiro de grande parte das empresas e institutos de pesquisa e desenvolvimento, sobretudo no Brasil, os fabricantes montam versões menores com o objetivo de atender a diferentes demandas de mercado. Este capítulo tem o intuito de esclarecer estas opções de hardware, assim como abordar os paradigmas básicos de programação necessários à sua utilização.

Considerando-se a complexidade do hardware com seus vários níveis de paralelismo, não é difícil imaginar que a programação destas máquinas exige um bom nível de especialização para que seja possível a obtenção de desempenho. A cada nível de paralelismo (por exemplo: nível de *threads* X nível de processos) diferentes paradigmas de programação paralela podem ser empregados. Mesmo com a utilização de *frameworks* e bibliotecas para desenvolvimento de aplicações paralelas, os softwares de HPC ainda requerem algum nível de especialização e de compreensão do hardware utilizado para que se obtenha um desempenho satisfatório.

Este capítulo trata destes assuntos de uma maneira introdutória, tendo como fio condutor o modelo hierárquico da arquitetura Blue Gene/Q da IBM [2]. Esta arquitetura embora não seja recente, possui uma estrutura clássica que favorece a compreensão dos componentes de hardware e software de um sistema computacional de alto desempenho. Atualmente, a máquina Sequoia, que segue a arquitetura Blue Gene/Q ocupa ainda a décima posição da lista Top 500 (sua estreia na lista foi em junho de 2012 na primeira posição). Uma boa descrição desta máquina pode ser encontrada em [3].

5.2. MODELO HIERÁRQUICO DE SISTEMAS COMPUTACIONAIS DE ALTO DESEMPENHO

A arquitetura de sistemas computacionais de alto desempenho compreende diferentes tipos de paralelismo que podem ser vistos a partir de um modelo hierárquico de composição, partindo de múltiplos cores até o sistema completo com uma série de racks. Uma das arquiteturas de supercomputadores considerada clássica e eficiente em termos de desempenho e de gasto energético foi a série Blue Gene da IBM. Conforme já citado, o modelo IBM Blue Gene/Q será usado como base para exemplificar uma arquitetura de supercomputação. Este exemplo será utilizado para que se possa analisar as características tanto de hardware quanto de software de tais máquinas. A arquitetura será abordada de forma simplificada, com ênfase em seus nós de computação. Vale salientar, no entanto, que o sistema completo conta com outras possibilidades de componentes não abordados aqui, tais como nós de acesso (login) e sistema de arquivos. A Figura 5.2 mostra a hierarquia de empacotamento do hardware da arquitetura Blue

Gene/Q. Observa-se que um processador de 16 *cores* é inicialmente colocado num módulo com uma memória de 16 GB. A seguir, observa-se que 32 destes módulos são utilizados para compor um nó de computação. Outro componente importante são os *racks*, compostos, por sua vez, de até dois conjuntos de 16 nós de computação mais até quatro gavetas de entrada e saída. O sistema completo é constituído de uma determinada quantidade de *racks* (a máquina Sequoia, por exemplo, possui 96).

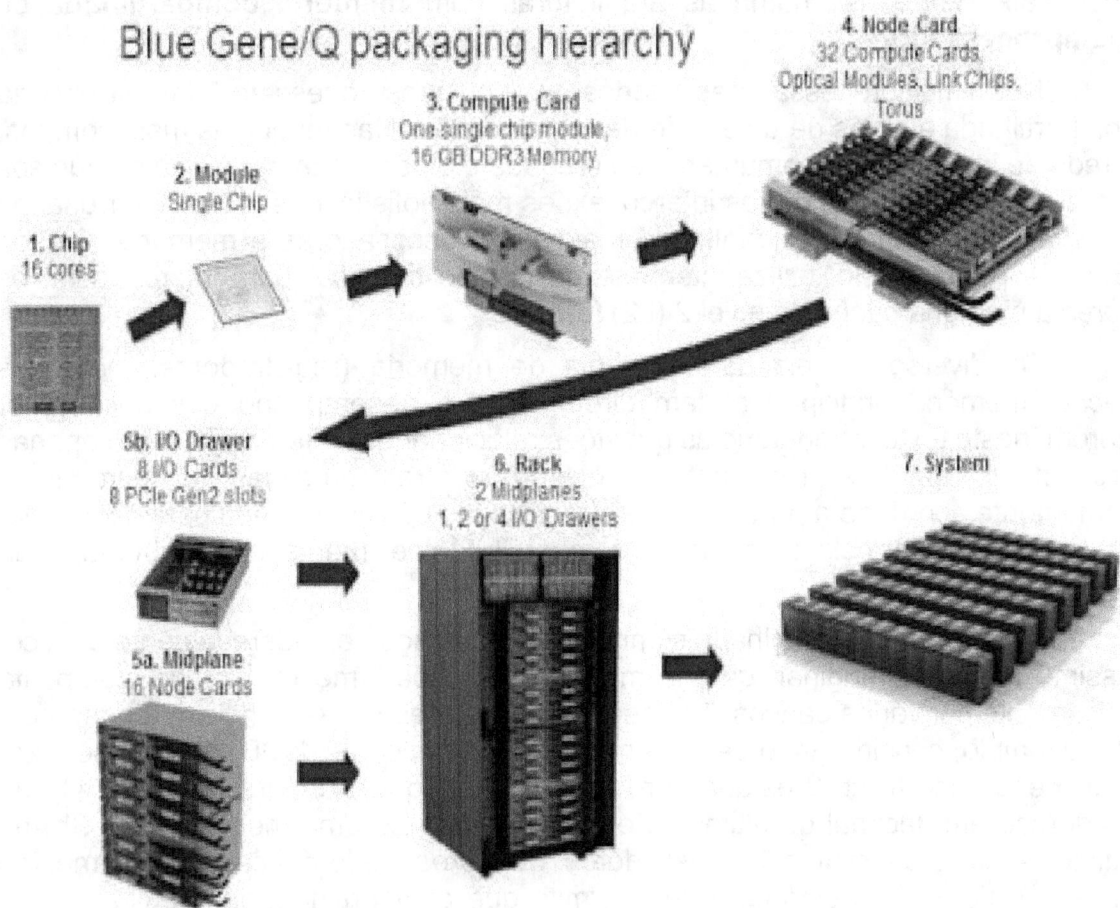

Figura 5.2: Hierarquia de hardware do Blue Gene/Q. Fonte: [4] (*licença CC 4.0*)

5.3 MÓDULO BÁSICO PARA PROCESSADOR E MEMÓRIA COMPARTILHADA

Em termos de hardware, o módulo básico do Blue Gene/Q (*compute card* na figura 5.1) basicamente é composto por um processador PowerPC A2 que possui 16 *cores* (ou núcleos) efetivos e uma memória de 16 GB DDR. Trata-se, portanto de um *multicore* tradicional. Considerando-se arquiteturas paralelas, este modelo se encaixa entre as chamadas arquiteturas com **memória compartilhada** ou **multiprocessador**.

Nos multiprocessadores, todos os núcleos acessam uma memória compartilhada através de uma rede de interconexão. Nas máquinas mais comuns, a rede de interconexão comumente empregada é o barramento que liga os núcleos à memória. Entretanto, outras interconexões mais sofisticadas, podem ser usadas em máquinas com uma quantidade maior de processadores e memória. O Blue Gene/Q, por exemplo, utiliza interconexão do tipo *crossbar* para interconectar os *cores* à memória *cache* de nível 2 (L2) [5].

Os diversos níveis da hierarquia de memória (registradores, memórias *cache*, memória principal) afetam diretamente o desempenho das aplicações. Porém, neste texto introdutório as questões relacionadas à hierarquia serão apenas brevemente tratadas. No contexto de arquiteturas paralelas, a memória é comumente abordada a partir de uma classificação básica utilizada para diferenciar as máquinas paralelas: memória compartilhada e memória distribuída (não compartilhada).

A memória compartilhada significa que o espaço de endereçamento é único. Assim, pode-se imaginar que a memória principal, mesmo sendo composta fisicamente por vários bancos, é endereçada pela mesma sequência de endereços. Por exemplo, considerando-se uma memória hipotética de 1 GB, poderia se dizer que o endereço físico 0 estaria num primeiro banco e o endereço 1.073.741.823 (endereço em decimal do último byte considerando-se uma memória de 1Gb) no último. Assim, diferentes processadores ou *cores* podem acessar um mesmo endereço físico de memória, o que permite que compartilhem dados. Na prática, utiliza-se comumente a programação através de *threads* com variáveis compartilhadas.

Antes de continuar, entretanto, vale ressaltar as diferenças básicas entre processos e *threads*. Um processo é uma unidade de programa em execução que inclui a posse de um espaço de memória para guardar a imagem do processo. A imagem do processo inclui o código do programa, os dados globais e locais (pilha), área de memória dinâmica (*heap*), além do contador de programa (PC – *program counter*) e demais atributos que definem o processo. Já as *threads* são normalmente unidades de execução dentro de um processo. Assim, elas compartilham a maior parte do espaço de endereço (memória) de um processo. A sua área própria terá apenas o PC e a pilha (dados locais). As variáveis globais e a área de memória livre são automaticamente compartilhadas entre as *threads* de um mesmo processo, o que possibilita o compartilhamento de variáveis, muito útil na programação paralela deste tipo de arquitetura [6].

Características de hardware e software (programação) em ambos os modelos são apresentadas nos subcapítulos a seguir.

5.3.1. Arquitetura multicore

Um *multicore* combina dois ou mais núcleos (*cores*), em uma única peça de silício (ou pastilha – *die*). Normalmente um núcleo consiste em todos os componentes de um processador independente, como registradores, ALU (*Arithmetic and Logic Unit* - Unidade aritmética e lógica), *pipelines*, unidades de controle, *caches* de dados (de L1 aL3, em alguns casos) e de instruções.

Num nível mais alto de descrição, as principais variáveis em uma organização *multicore* são as seguintes [7]:

- Número de núcleos de processamento no chip.
- Número de níveis de memória *cache*.
- Quantidade de memória *cache* que é compartilhada ou dedicada em cada núcleo.

Para as *caches* não compartilhadas, o hardware inclui a implementação de um protocolo que garante a coerência das *caches* em caso de alteração de seu conteúdo pelo respectivo núcleo. Maiores detalhes sobre protocolos de coerência de *cache* podem ser encontrados em [8-9].

5.3.2 Paralelização de aplicações

Se a aplicação já existe (código legado), ela deverá ser paralelizada, o que muitas vezes exige uma refatoração, para que usufrua do processamento *multicore*. [9] sugere quatro passos na paralelização de aplicações:

a. **Análise**: identificação dos possíveis pontos onde se possa implementar concorrência. Esta só poderá ser implementada em pontos de código onde não haja dependência de dados.

b. **Projeto e implementação**: o projeto pode usar algum padrão conhecido [10] e o desenvolvimento do algoritmo paralelo deverá utilizar alguma biblioteca de programação específica.

c. **Testes de correção**: o código *multithreading* é altamente sujeito a erros como condições de corrida (*race conditions*) e *deadlocks*. Basicamente, estes erros são causados pela alteração concorrente de dados compartilhados e mal-uso dos mecanismos de controle de acesso (por exemplo, *mutex*) e sincronização entre *threads*. Um bom conjunto de testes é necessário, visto que programas concorrentes têm uma tendência a serem não-deterministas (uma execução pode ter um resultado diferente de outra ainda que tenham os mesmos dados de entrada).

d. **Análise de desempenho**: é absolutamente necessário que o desempenho de uma aplicação paralelizada seja melhor que o de sua versão sequencial, visto que o custo e a complexidade deste processo devem valer à pena. Medidas de tempo e comparações com a versão sequencial do programa são usadas para verificar se houve ganho de desempenho (*speedup*). Caso contrário, o programador deverá verificar pontos de gargalo que estejam atrapalhando o desempenho. Tipicamente, estes pontos são situações onde haja contenção na sincronização de recursos compartilhados (por exemplo, variáveis compartilhadas), desbalanceamento de carga de trabalho entre as *threads*, quantidade excessiva de chamadas à biblioteca de *threads*, o que pode causar um *overhead* inexistente na versão sequencial.

Existem algumas opções de programação com *threads* em várias linguagens de programação, como Python, Java, C++ e C#. Entretanto, linguagens estruturadas como C ainda apresentam melhor desempenho e são usadas em aplicações onde isto é fundamental. Neste caso, bibliotecas de programação como *Pthreads* [11] e O*penMP* [12] são bastante utilizadas. A larga existência de sistemas legados, envolvendo principalmente cálculos numéricos complexos, implica no ainda comum uso da linguagem Fortran em aplicações de alto desempenho.

OpenMP constitui-se de um padrão que define um conjunto de diretivas de programação juntamente com algumas rotinas de biblioteca (*API - Application Programming Interface* - Interface de Programação de Aplicações) para programação com *threads*. Esta biblioteca será descrita na próxima seção.

5.3.3 Programação OpenMP

OpenMP é composta por um pequeno conjunto de diretivas de programação mais um pequeno conjunto de funções de biblioteca e variáveis de ambiente que usam como base as linguagens C/C++ e Fortran. Trata-se de um padrão, portanto várias implementações estão disponíveis. É comum que compiladores já conhecidos, como o bem conhecido *gcc (GNU Compiler Collection,* popular versão *open-source* de compilador C/C++)*,* possuam opções de compilação para OpenMP.

As diretivas em C/C++ para OpenMP estão contidas em diretivas do tipo #pragma, as quais permitem definir instruções que não estão definidas na linguagem C padrão, mais a palavra-chave omp e o nome da diretiva. A Figura 3.2 mostra um exemplo de programa em OpenMP onde se pode observar o uso de diretivas e de funções.

```
01  #include <omp.h>  //include necessário em programas OpenMP
02  #include <stdio.h>
03  #define SIZE 16
04
05  int main() {
06      int A[SIZE], i;
07
08      //inicia as threads que executarão o bloco "for"
09      #pragma omp parallel for schedule(static, 2) num_threads(4)
10              for(i = 0; i < SIZE; i++){
11                  A[i] = i * i;
12                  printf("Th%d[%d] = %d\n", omp_get_thread_num(),
13                          i, A[i]);
14              }
15  }
```

Figura 5.3.3 Exemplo de programa OpenMP e suas diretivas

Na Figura 5.2 podem ser identificadas algumas das principais diretivas e funções de OpenMP. São elas:

- Inclusão do cabeçalho OpenMP (linha 01);

- Uso da principal diretiva OpenMP: parallel (linha 09), que automaticamente cria as *threads* que executam concorrentemente o bloco de instruções definido pelos símbolos { e } (abre e fecha chaves);

- Uso da cláusula num_threads (linha 09) que define a quantidade de *threads* que serão iniciadas (4 neste exemplo);

- Uso das cláusulas shared e private (linha 09) (praticamente todas as diretivas possuem cláusulas), que definem quais variáveis serão compartilhadas por todas as *threads* ou privadas, respectivamente, para todo o trecho paralelizado;

- Uso da diretiva for (linha 09), que automaticamente divide a execução do laço descrito na linha 10 (logo em seguida);

- O uso de cláusulas posteriores a diretiva for, permitem, neste caso em particular, estabelecer o tipo de escalonamento das tarefas pelas threads no laço (static) e o tamanho das tarefas (2) (linha 09);

- O uso da função omp_get_thread_num()(linha 12), que retorna o identificador da *thread* chamadora como relação ao conjunto (ou time, como definido no padrão) de *threads* que foram iniciadas pela diretiva parallel – todas são numeradas de *0* a *num_threads -1*.

O padrão OpenMP é amplamente utilizado para paralelização de tarefas visando a obtenção de desempenho em máquinas com memória compartilhada. Também foi o responsável pela popularização da programação paralela por diretivas, a qual tem sido empregada também na programação de aceleradores, através de novas versões do padrão OpenMP e do novo padrão OpenACC, abordados mais adiante.

5.3.4 Módulos contendo vários nós de computação: memória distribuída

A definição clássica para arquitetura de memória distribuída envolve os itens básicos que todo computador deve possuir: processador e memória. Cada processador possui sua própria memória local, com endereçamento de memória particular e a comunicação acontece por algum meio físico de comunicação (rede de interconexão). Seguindo o exemplo do Blue Gene/Q, este nível de paralelismo se encontra em todos os módulos acima dos *compute cards* da Figura 3.1, o que inclui os nós de computação, os *racks* e o conjunto de *racks* que formam o sistema completo.

Essa representação também é chamada de arquitetura de **multicomputadores**, já que é comum cada computador possuir um bloco de processador e memória. A partir desses princípios, algumas soluções de arquiteturas distribuídas foram propostas, dentre as quais se destacam as arquiteturas em *clusters* (também conhecidos como aglomerados) e as MPPs (*Massively Parallel Processors*). Ambas as arquiteturas são escaláveis, permitindo centenas de milhares de *cores* devido principalmente aos modelos de memória distribuída. A diferença entre elas é muitas vezes sutil, sendo classificadas normalmente como MPPs as máquinas que possuem redes de interconexão exclusivas ou *customizadas* (como a arquitetura Blue Gene/Q, que possui uma interconexão torus 5D para interligar os nós de computação). Por conta disso, essas máquinas podem obter melhores desempenhos se comparadas aos *clusters*, que normalmente utilizam componentes comuns, fabricados em maior escala.

Clusters acabam por ser soluções mais econômicas comparados a MPPs. Ainda assim, possuem otimizações no sistema operacional, eliminando serviços e processos que não são necessários visando atingir maior desempenho. Os nós de computação são dedicados, eliminando teclado, mouse e monitor e estão organizados em um domínio administrativo, normalmente com IPs privados. Possuem uma máquina de entrada (*frontend*) que é utilizada para controle de acesso a usuários e armazenamento de arquivos. Por isso, a construção de softwares para essa arquitetura deve ser diferenciada.

Em máquinas que seguem a arquitetura de memória distribuída, o paradigma de programação é conhecido como **passagem ou troca de mensagens**. Basicamente, as aplicações devem ser constituídas por processos que resolvem um determinado problema cooperativamente, como a aplicação de previsão de tempo mencionada na Introdução deste capítulo. Uma das bibliotecas mais conhecidas desse paradigma é o MPI – *Message Passing Interface* [12].

5.4. PROGRAMAÇÃO COM MPI

MPI é uma especificação para a troca de mensagens entre sistemas com diversos processos [13]. Essa especificação engloba tanto a troca de mensagens através de um meio de comunicação como a sincronização e ordenação das mensagens. Para que isso aconteça, essa especificação define que, em uma comunicação, sempre haverá a figura do emissor e do receptor.

No caso de *clusters*, uma aplicação usando MPI possui diversos processos espalhados pelos computadores que cooperam para a solução de um mesmo problema. Para isso, todos esses processos participam de um *grupo de processos* que formam um grupo de comunicação denominado MPI_COMM_WORLD. Cada participante possui identificação maior ou igual a zero, denominada *rank*. Dessa forma, se um programa tiver *n* processos participantes do MPI_COMM_WORLD, os *ranks* variam de *0* a *n-1*. Além do comunicador global, é possível criar outros comunicadores específicos e, consequentemente, subgrupos de processos.

O MPI define algumas funções/operações que permitem não só a comunicação entre processos, mas também operações coletivas, de controle, iniciação e utilitários. Dentre essas, destacam-se:

- Envio e recebimento ponto-a-ponto de mensagens de forma bloqueante: MPI_Send e MPI_Recv;
- Envio coletivo de mensagens de forma bloqueante: MPI_Bcast, onde um conjunto de dados é distribuído automaticamente para cada participante da comunicação;
- Envio coletivo de difusão e divisão: MPI_Scatter, onde o conjunto de dados é dividido e distribuído automaticamente para cada participante da comunicação;
- Recebimento por agrupamento: MPI_Gather, onde cada participante envia uma parte dos dados e eles são agrupados no receptor;
- Recebimento coletivo com operação de redução: MPI_Reduce, que recebe dados de todos os participantes e realiza uma operação lógica, aritmética ou relacional nos dados, reduzindo a informação recebida.

A Figura 5.4 apresenta o trecho de um código exemplo usando as rotinas ponto-a-ponto do MPI.

```
01  ...
02  int world_rank;
03  MPI_Comm_rank(MPI_COMM_WORLD, &world_rank);
04  int world size
05  MPI_Comm_size(MPI_COMM_WORLD, &world_size);
06
07  int number;
08  if (world_rank == 0) {
09      number = -1;
10      MPI_Send(&number, 1, MPI_INT, 1, 0,
            MPI_COMM_WORLD);
11  } else if (world_rank == 1) {
12      MPI_Recv(&number, 1, MPI_INT, 0, 0,
13          MPI_COMM_WORLD, MPI_STATUS_IGNORE);
14      printf("Process 1 received number %d from process 0\n", number);
15  }
16  ...
17
```

Figura 5.4 Trecho de código em MPI. Fonte: [14]

Em programas paralelos em memória distribuída é comum que se divida os dados ou as tarefas entre diferentes processos. Para que os processos descubram qual parte dos dados ou tarefas lhe cabem, necessitam descobrir sua própria identificação dentro do grupo. No MPI existe uma primitiva utilitária que devolve qual o número do *rank* de um processo (linha 3 na Figura 5.3 - função: MPI_Comm_rank) dentro do grupo, que neste caso é o comunicador geral.

Programas em MPI normalmente são iniciados com uma quantidade arbitrária de processos a partir de um *script* próprio responsável por iniciar todos os processos da aplicação. Para que o programador consiga dividir a carga de trabalho entre eles é comum que deseje saber qual a quantidade de processos iniciados em uma determinada execução (esta quantidade pode variar). A função utilitária apresentada na linha 5 (MPI_Comm_size) devolve a quantidade total de processos do comunicador global, no caso.

Finalmente, na linha 9 o processo de *rank* 0 envia uma mensagem que é recebida pelo processo de *rank* 1 na linha 12.

A alocação dos processos de um programa MPI em computadores do *cluster* acontece dinamicamente. Na verdade, existe uma lista com os nomes dos computadores disponíveis no *cluster* que é utilizada para fazer essa alocação.

Uma vez compilada a aplicação (normalmente utilizando-se do *script* **mpicc**), sua execução acontece a partir de um outro *script* próprio do pacote MPI chamado **mpiexec**. É através dele que a quantidade de processos necessários é informada, a lista de computadores é utilizada para a alocação dos processos e o software é indicado para execução.

Algumas considerações podem ser feitas para que a construção de um programa MPI atinja um alto desempenho. Dentre essas considerações, observa-se que a comunicação entre os processos deve ser a mínima possível, evitando o uso de primitivas de troca de mensagens, consequentemente evitando o uso do recurso de rede, uma vez que o custo das comunicações pode impor atrasos ao tempo total de processamento. É bom reforçar que o recurso de rede, por motivos arquiteturais que não serão abordados aqui, pode apresentar baixo desempenho e alta latência.

Outra consideração que pode ser feita é em relação à granularidade das funcionalidades. Quando os processos são divididos, é importante atribuir às tarefas de tal forma que, inicialmente, sejam enviados todos os dados necessários para sua execução. Assim, o tempo de execução da tarefa será o melhor e maior possível, aproveitando todos os recursos do computador onde for alocado [6].

5.5 COMPUTAÇÃO HETEROGÊNEA

O termo *computação heterogênea* tem sido empregado para designar o uso de diferentes arquiteturas de processamento em um mesmo sistema computacional, utilizados conjuntamente, a fim de se obter melhor desempenho das aplicações. Neste tipo de sistema é comum encontrar-se dispositivos conhecidos por **aceleradores**, os quais, na maioria das vezes, atua como um coprocessador, ou seja, uma unidade extra de processamento de código dependente de um processador tradicional. Entre as alternativas existentes destacam-se arquiteturas como as GPUs (*Graphics Processing Units*). As unidades aceleradoras podem estar fisicamente conectadas à um nó de processamento que conta com um processador tradicional, ou representarem um nó computacional por completo.

Seguindo com o exemplo do Blue Gene/Q, embora ele não empregue aceleradores, cada uma de suas gavetas de entrada e saída possui oito *slots* de barramento PCI *express*, tipo de conexão muito utilizada por GPUs atualmente. No momento da escrita deste capítulo, cinco entre as dez primeiras máquinas da lista Top 500 possuem placas aceleradoras do tipo GPU da NVidia. Além de serem aceleradores eficientes, as GPUs têm um baixo consumo de energia comparados aos processadores *multicores*, por isso também são opções adotadas em "computação verde" (*green computing*) [1].

As GPUs são compostas de centenas ou até milhares de núcleos (*cores*) simples que executam o mesmo código através de centenas a milhares de *threads* concorrentes. Esta abordagem se opõe ao modelo tradicional de processadores *multicore*, onde algumas unidades de núcleos completos e independentes são capazes de executar *threads* ou processos independentes. As GPUs contam com unidades de controle e de execução mais simples, onde uma unidade de despacho envia apenas uma instrução para um conjunto de núcleos que a executarão em ordem. O modelo de execução das GPUs é conhecido como SIMT (*Single*

Instruction Multiple Threads), derivado do clássico termo SIMD (*Single Instruction Multiple Data*). A arquitetura das GPUs não será detalhada neste capítulo por ser altamente especializada, maiores detalhes podem ser encontrados em [15].

No entanto, é possível apresentar o modelo de programação básico de tais arquiteturas, haja vista que seguem um modelo de abstração: a arquitetura CUDA (*Compute Unified Device Architecture*) [16]. Esta arquitetura ajuda a padronizar a programação e o uso destes dispositivos ao definir um modelo de programação comum a todos os diferentes tipos de placas que a fabricante disponibiliza. CUDA permite alto grau de paralelismo obtido através de *threads* simultâneas que executam em GPUs com características de hardware muito específicas, e que podem resultar em limitações de desempenho quando não observadas. A arquitetura CUDA, assim como o modelo de programação usado para programá-la, são brevemente descritos a seguir a título de ilustração.

5.5.1 Programação CUDA

CUDA (livremente distribuído pela NVIDIA) para a linguagem C/C++ consiste numa série de extensões de linguagem e de biblioteca de funções. O modelo de programação assume que o sistema é composto de um *host* (CPU) e de um dispositivo (*device* ou GPU).

A programação consiste em definir o código de uma ou mais funções que executarão no dispositivo (conhecidos por *kernels*) e de uma ou mais funções que executarão no *host* (a função principal de um programa C, *main()*, por exemplo). Quando um *kernel* é invocado, centenas ou até milhares de *threads* são iniciadas no dispositivo, executando simultaneamente o código descrito no *kernel*. Os dados utilizados devem estar na memória do dispositivo e CUDA oferece funções para realizar esta transferência.

A Figura 3.4 apresenta um exemplo de código em CUDA que implementa a soma de matrizes no dispositivo. O comando de invocação do *kernel* define a quantidade de *threads* dimensionadas em um bloco e a dimensão de uma grade de blocos. Resumidamente, as *threads* são organizadas em blocos de até três dimensões, e estes blocos compõem uma grade. Este mapeamento por vezes é considerado complexo e necessita de uma atenção maior do programador. O exemplo não aborda características um pouco mais complexas da programação CUDA, tais como o gerenciamento de memória (os dados devem ser transferidos para o dispositivo antes da execução e trazidos de volta para a memória principal após o processamento) nem o uso de blocos maiores. Recomenda-se o próprio manual CUDA *Toolkit* disponível em [16].

A partir do exemplo de código apresentado, no entanto, é possível observar algumas das principais características da programação CUDA. São elas:

- Uso da palavra-chave __global__ que indica que a função é um *kernel* e que só poderá ser invocada a partir do código executado no *host*, criando uma grade de *threads* que executarão no dispositivo (linha 02);
- Uso das variáveis pré-definidas threadIdx.x e threadIdx.x que identificam a *thread* dentro do bloco através de suas coordenadas (linhas 6 e 7);
- Uso do tipo pré-definido dim3 (linha 16) para definir um bloco de *threads* com mais de uma dimensão;
- Uso dos símbolos <<<...>>> (linha 17) para invocar várias instâncias do *kernel* no dispositivo de acordo com a quantidade de blocos e de *threads* por bloco indicada entre eles.

```
01   ...
02   // Kernel definition
03   __global__ void MatAdd(float A[N][N], float B[N][N],
04                          float C[N][N])
05   {
06      int i = threadIdx.x;
07      int j = threadIdx.y;
08      C[i][j] = A[i][j] + B[i][j];
09   }
10   int main()
11   {
12      ...
13      // Kernel invocation with one block of N*N*1 threads
14      int numBlocks = 1;
15      dim3 threadsPerBlock(N, N);
16      MatAdd<<<numBlocks, threadsPerBlock>>>(A, B, C);
17      ...
18   }
```

Figura 5.5.1. Trecho de código em CUDA somar duas matrizes. Fonte: [16]

Embora o uso de CUDA seja a forma mais direta de programar tais aceleradores, diversas opções têm surgido com o objetivo de tornar a programação mais acessível. Entre elas se destacam o uso de diretivas suportadas pelo OpenMP 4.0 [17] e OpenACC [18].

5.6. CONSIDERAÇÕES FINAIS

Este capítulo apresentou de forma introdutória as principais características de hardware e de software de sistemas computacionais de alto desempenho. A ideia principal é que sirva como ponto de partida para leitores que desejam iniciar na área ou que tenham curiosidade sobre as características básicas de tais sistemas. Para isso, utilizou-se a arquitetura Blue Gene/Q como fio condutor para ilustrar o aspecto hierárquico da construção de tais sistemas. Exemplos de código em linguagem C das principais bibliotecas utilizadas em tais sistemas também foram incluídos a fim de ilustrar os aspectos básicos dos paradigmas de programação empregados. Espera-se que a partir deste texto seja possível ao leitor procurar bibliografia mais aprofundada a respeito dos tópicos que forem de maior interesse.

REFERÊNCIAS

[1] TOP500 (2018) disponível em http://www.top500.org, acessado em janeiro de 2019.

[2] Gilge, M. (2014) IBM System Blue Gene Solution Blue Gene/Q Application Development, IBM redbooks series, ISBN: 9780738438238, 2014.

[3] Barney, Blaise (2018). Using the Sequoia and Vulcan BG/Q Systems. Lawrence Livermore National Laboratory (LLNL-WEB-608955) Disponível em https://computing.llnl.gov/tutorials/bgq/ (Acesso em janeiro de 2019).

[4] Haring, Ruud; Ohmacht, Martin; Fox, Thomas; Gschwind, Michael; Satterfield, David; Sugavanam, Krishnan; Coteus, Paul; Heidelberger, Philip; Blumrich, Matthias; Wisniewski, Robert; Gara, Alan; Chiu, George; Boyle, Peter; Chist, Norman; Kim, Changhoan. (2013). Design of the IBM Blue Gene/Q compute chip. IBM Journal of Research and Development. 57. 1-12. 10.1147/JRD.2012.2222991.

[5] Stephan, Michael; Docter, Jutta (2015). JUQUEEN: IBM Blue Gene/Q Supercomputer System at the Jülich Supercomputing Centre. Journal of large-scale research facilities, 1, A1. http://dx.doi.org/10.17815/jlsrf-1-18

[6] Stringhini, Denise; Bianchini, Calebe. P. (2013) Tendências em Computação Paralela. In: Leandro A. da Silva; Valéria F. Martins; João Soares de Oliveira Neto. (Org.). Tendências Tecnológicas em Computação e Informática. 1ed. São Paulo: Editora Mackenzie, 2013, v. 21, p. 205-244.

[7] Stallings, W. (2009) "Computer organization and architecture: designing for performance", 8ª. Ed., Prentice Hall, 2009.

[8] Hennessy, D; Patterson, D. (2007) "Computer architecture". 4ª. Ed, Elsevier, 2007.

[9] Breshears, C. (2009). "The art of concurrency: a thread monkey's guide to writing parallel applications". O'Reilly, 2009.

[10] Mattson, T. G., Sanders, B., & Massingill, B. (2004). Patterns for parallel programming. Pearson Education, 2004

[11] Butenhof, D. R. (2006) "Programming with POSIX Threads", Addison-Wesley, 2006.

[12] Chapman, B.; Jost, G.; Van der Pas, R. (2008) "Using OpenMP – Portable shared memory parallel programming". The MIT Press, 2008.

[13] Snir, M.; Gropp, W. (1998). "MPI The Complete Reference". MIT Press, 1998.

[14] MPITUTORIAL (2018) MPI Tutorials website disponível em http://mpitutorial.com/tutorials/. Acessado em janeiro de 2019.

[15] Kirk, D. B., Hwu, W.W. (2010) "Programming massively parallel processors: a hands-on approach". Morgan Kaufman, 2010.

[16] NVIDIA (2018) "CUDA Toolkit Documentation", NVIDIA. Version 10.0.130, outubro 2018. Disponível em https://docs.nvidia.com/cuda. Acessado em janeiro de 2019.

[17] van der Pas, Ruud; Stotzer, Eric; Terboven, Christian. (2017) Using OpenMP - The Next Step: Affinity, Accelerators, Tasking, and SIMD. The MIT press, Scientific and Engineering Computation series. Outubro, 2017

[18] OPENACC (2019) OpenACC website Disponível em https://www.openacc.org. Acessado em janeiro de 2019.

Capítulo

6

Desafios de Inovação no Desenvolvimento de Sistemas Críticos

Luiz Eduardo Galvão Martins
Instituto de Ciência e Tecnologia, Universidade Federal de São Paulo – Unifesp

Johnny Cardoso Marques
Instituto Tecnológico de Aeronáutica – ITA

Abstract

The aim of this chapter is to discuss the current panorama of the safety-critical systems development, from the point of view of system engineering, software engineering and safety engineering. Considering the current panorama, the challenges that still need to be overcome in the development of such systems will be identified, especially regarding to risk analysis (both software and hardware), specification of safety requirements, management processes and certification process. Another important aspect to be addressed is in relation to the safety standards, which are defined by international organizations, and which must be followed or addressed by safety-critical system manufacturers. This chapter will also provide the reader with a list of relevant research topics in the area of safety-critical systems.

Resumo

O objetivo deste capítulo é discutir o panorama atual do desenvolvimento de sistemas críticos, do ponto de vista da engenharia de sistemas, engenharia de software e engenharia de segurança. A partir do panorama traçado serão identificados os desafios que ainda precisam ser superados no desenvolvimento de tais sistemas, principalmente no que se refere à análise de riscos (tanto de software como de hardware), especificação dos requisitos de segurança, processos de gerenciamento e processos de certificação. Outro aspecto importante a ser abordado é sobre os padrões de segurança (safety standards), que são definidos por consórcios e organizações internacionais, e que devem ser seguidos ou atendidos pelos fabricantes de sistemas críticos. Este capítulo ainda oferecerá ao leitor uma relação de temas relevantes de pesquisas na área de sistemas críticos.

6.1. INTRODUÇÃO

Sistemas Críticos (SC) do termo inglês *Safety-Critical Systems* estão cada vez mais presentes no cotidiano das sociedades modernas, as quais estão se tornando fortemente dependentes deles. Entende-se por SC aqueles sistemas desenvolvidos pelo homem, que sejam baseados em tecnologia, em que eventuais defeitos ou falhas possam acarretar acidentes que coloquem em risco a vida humana, ou tragam danos ao meio ambiente ou à propriedade [1-3]. SC estão presentes em sistemas de aviação, sistemas automotivos, controle de plantas industriais (químicas, petrolíferas, nucleares), dispositivos médicos, controle de ferrovias, sistemas de defesa e aeroespaciais, entre outros [2, 4].

Entre os principais motivos que levam os SC falharem estão os problemas na definição de seus requisitos, sejam eles requisitos de software, hardware ou requisitos de integração entre software e hardware [3, 5]. Os problemas na definição de requisitos podem envolver requisitos incompletos, incorretos, ambíguos, conflitantes ou inconsistentes [6]. Requisitos de sistemas com defeitos em suas especificações acarretam falhas de interpretação e entendimento por aqueles que os utilizarão ao longo do ciclo de desenvolvimento dos SC (por exemplo: projetistas de sistemas, engenheiros de sistemas, engenheiros de software, testadores, auditores de certificação de sistemas etc.) [4, 7]. Antes de se fazer a especificação dos requisitos de segurança de SC, uma etapa fundamental é a análise de riscos/segurança do sistema do termo inglês *safety analysis*. Nesta análise é quando os engenheiros de segurança (safety engineers) procuram identificar os potenciais riscos e perigos que podem acarretar acidentes durante o funcionamento dos SC [13, 14]. Os resultados da análise de riscos/segurança são utilizados como entrada para o processo de especificação de requisitos dos SC, contribuindo de forma decisiva para a qualidade dos requisitos do sistema.

Nos últimos anos, vem crescendo a percepção dos desenvolvedores de SC sobre a importância de integrar as equipes de engenharia de segurança e engenharia de requisitos, aumentando a interação entre os participantes destas equipes, com ganhos significativos na qualidade dos requisitos e no aumento do nível de segurança dos SC [1,3,5]. Em decorrência da aproximação dessas equipes, tem aumentado o "intercâmbio" de técnicas que tradicionalmente eram usadas de forma isoladas entre as equipes de engenharia de segurança e engenharia de requisitos. Nas próximas seções deste capítulo apresentamos tópicos que ainda se apresentam como desafios no desenvolvimento de sistemas críticos, são eles: análise de riscos, engenharia de requisitos, padrões de segurança (*safety standards*), e estratégias de certificação de SC.

6.2. ANÁLISE DE RISCOS

Uma técnica que merece destaque no processo de interação entre análise de riscos/segurança e análise e especificação de requisitos é a FMEA (*Afigure Mode and Effect Analysis*). FMEA foi formalizada em 1949, pelas forças armadas dos Estados Unidos da América, com o objetivo de identificar e classificar falhas de acordo com os seus impactos sobre o sucesso da missão e segurança de pessoal e equipamentos [8]. Atualmente FMEA é usada extensivamente em muitos domínios da indústria de sistemas críticos, tais como: aviação, automotivo, defesa, dispositivos médicos, plantas industriais, alimentos, entre outros [10]. FMEA tem sido aprimorada ao longo dos anos, e atualmente entende-se que este método de análise de riscos/segurança oferece ajuda efetiva para [9]: (a) identificar e entender os modos de falhas e suas causas, bem como os efeitos das falhas sobre o sistema ou seus usuários finais, para um dado produto ou processo; (b) avaliar os riscos associados com as causas, efeitos e modos de falhas identificados; (c) identificar, priorizar e executar ações corretivas. A motivação principal para o uso de FMEA é prever e evitar acidentes, de tal forma que produtos e processos possam se tornar seguros, funcionando com os riscos inerentes em níveis cada vez mais baixos.

FMEA está entre as abordagens consideradas tradicionais de análise de riscos/segurança para SC. De acordo com uma recente revisão sistemática, publicada em 2016 [10], FMEA foi apontada como a abordagem mais utilizada pela indústria de SC. Outras abordagens tradicionais, e amplamente usadas pela indústria de SC, são FTA (*Fault Tree Analysis*) e HAZOP (*Hazard and Operability study*) [11]. De acordo com Leveson [2], essas abordagens tradicionais baseadas em análise de cadeias de eventos, embora tenham cumprido um papel relevante na análise de riscos e segurança de SC nas últimas décadas, não conseguem endereçar adequadamente os desafios dos SC atuais, dada a crescente complexidade e interdisciplinaridade desses sistemas. Entre os principais problemas não endereçados pelas abordagens tradicionais, destacam-se [2]: (a) a introdução de novas tecnologias traz aspectos ainda desconhecidos para os nossos sistemas, criando novos "caminhos" para acidentes (a substituição de componentes eletromecânicos por componentes computadorizados é um caso clássico); (b) novos tipos de riscos e perigos no uso de sistemas (por exemplo, na área da química e farmacêutica, pessoas podem ser vítimas de efeitos colaterais ainda desconhecidos, as abordagens tradicionais de análise de riscos e segurança têm impacto limitado em muitos destes novos tipos de riscos/perigos (*risks/hazards*); (c) crescente inter-relacionamento e acoplamento entre os componentes dos sistemas; (d) a comunicação inadequada entre pessoas e sistemas/máquinas estão se tornando um fator cada vez mais importante em acidentes; (e) acidentes são processos complexos envolvendo não apenas o sistema físico em si, mas todo o sistema sócio técnico adjacente, as abordagens tradicionais baseadas em análise de cadeias de eventos não conseguem descrever esse processo adequadamente.

Leveson sugere a necessidade de uma mudança de paradigma para tornar os SC mais seguros. Tal mudança levaria a mover-nos dos modelos tradicionais de análise de riscos/segurança, baseados em análise de cadeia de eventos, para modelos baseados na Teoria de Sistemas. Neste sentido, Leveson propõe a adoção de STPA (*Systems-Theoretic Processes Analysis*), como uma nova abordagem para a análise e gerenciamento de riscos/segurança em SC [2, 12]. A razão primeira para o desenvolvimento de STPA foi abordar os novos fatores causais de acidentes identificados em STAMP (*Systems-Theoretic Accident Model and Process*). Esses novos fatores constituem os princípios básicos de STAMP, são eles: (a) restrições de segurança (*safety constraints*); (b) estrutura hierárquica de controle de segurança; (c) modelos de processos. Em recente revisão sistemática, publicada em 2017 [22], entre as abordagens inovadoras para previsão de acidentes e análise de riscos/segurança, STAMP/STPA foi apontada como a abordagem mais promissora. STPA pode ser usada em qualquer etapa do ciclo de desenvolvimento de SC. STPA tem duas etapas principais, que estão assim organizadas:

1. Identificação de potencial para controle inadequado do sistema, que pode levar o sistema a um estado de perigo. Um estado de perigo do sistema pode ocorrer nas seguintes situações [2]:
    1.1. Uma ação de controle de segurança que não é oferecida ou não é seguida;
    1.2. Uma ação de controle não segura é oferecida;
    1.3. Uma ação de controle potencialmente segura é oferecida muito cedo (adiantada) ou muito tarde (atrasada), ou seja, oferecida no momento errado ou na sequência errada;
    1.4. Uma ação de controle de segurança é interrompida antes da hora ou executada por tempo demais;
2. Determinação de como cada ação de controle, potencialmente perigosa identificada na etapa 1, pode ocorrer.

Pesquisas recentes mostram que as abordagens tradicionais de análise de riscos/segurança de SC ainda são as preferidas pelos profissionais e desenvolvedores de SC [10, 11]. Entretanto, no meio profissional, abordagens inovadoras para análise de segurança, como STAMP e STPA (entre outras), ainda são pouco conhecidas. Isto não significa que essas abordagens não tragam benefícios para o desenvolvimento de SC, mas sim que elas ainda precisam ser apresentadas e testadas pelos profissionais da indústria.

A forma de se fazer a análise de riscos/segurança de SC tem grande impacto na geração dos requisitos desses sistemas. Existe um forte relacionamento entre as atividades de análise de riscos/segurança e análise/especificação de requisitos de SC. Essas atividades estão intimamente relacionadas, e alcançam melhores resultados quando são realizadas de forma integrada [13, 14, 16]. Durante a análise de riscos/segurança espera-se identificar o maior número possível de riscos e estados de perigo que o sistema pode entrar durante sua operação e funcionamento. A análise de tais estados de perigo possibilita aos engenheiros de sistemas encontrarem formas antecipadas de eliminá-los, ou formas de atenuá-los e controlá-los na impossibilidade da eliminação completa. As ações para eliminação, mitigação ou controle dos estados de perigo do sistema são especificadas na forma de requisitos, as vezes chamados de requisitos de segurança (*safety requirements*).

6.3. ENGENHARIA DE REQUISITOS DE SISTEMAS CRÍTICOS

A Engenharia de Requisitos, enquanto área de pesquisa, tem como foco o desenvolvimento de técnicas, métodos, processos e ferramentas que auxiliem na concepção de software e sistemas, cobrindo as atividades de coleta, análise, especificação, validação e gerenciamento de requisitos [41]. A completa especificação dos requisitos de um software, constitui a base para o projeto arquitetural do mesmo, além de oferecer uma descrição dos aspectos funcionais e de qualidade que devem guiar a implementação e futura evolução do software.

As equipes de desenvolvimento de sistemas intensamente baseados em software, normalmente estão preocupadas em desenvolver sistemas que atendam de forma efetiva as necessidades de seus usuários. Entretanto, a correta identificação de tais necessidades não é tarefa trivial. Com os sistemas de software se tornando cada vez mais presentes na vida das pessoas, e tornando-as cada vez mais dependentes deles, os sistemas precisam oferecer um grau elevado de segurança, confiabilidade e robustez, mas apesar dos esforços das equipes, nem sempre essas qualidades são atingidas de forma satisfatória. Isto ocorre tanto devido ao despreparo dos engenheiros de requisitos em elicitar e selecionar os requisitos centrais do sistema a ser desenvolvido, quanto à dificuldade de se entender corretamente os requisitos do sistema, que é o principal fator nos problemas de comunicação entre as equipes de desenvolvimento.

As abordagens atuais da Engenharia de Requisitos proporcionam aos engenheiros de requisitos um arcabouço de técnicas e ferramentas [41-42] que possibilitam a especificação de requisitos de sistemas dentro de um grau aceitável de qualidade, desde que esses sistemas não demandam um alto grau de segurança. Porém, quando se trata de sistemas críticos, em que falhas podem levar a danos graves, como perdas de vidas ou sérios prejuízos ao patrimônio e ao meio ambiente, as atuais abordagens de Engenharia de Requisitos ainda se mostram insuficientes [43-44].

A principal característica de sistemas críticos, que os distinguem de outros sistemas, é que a ocorrência de erros ou falhas é potencialmente perigosa, podendo desencadear acidentes envolvendo pessoas, propriedades e meio ambiente. Por esta razão, software para sistemas críticos demandam um rígido gerenciamento dos aspectos de segurança. O Quadro 6.1 apresenta as características complementares e as lacunas nas atuais abordagens da Engenharia de Requisitos para esse tipo de software. De acordo com Firesmith [43], as especificações de requisitos produzidas no âmbito industrial normalmente são incompletas e não abordam de forma apropriada às situações de perigo em sistemas críticos. Essas especificações de requisitos são especialmente incompletas no que tange a situações excepcionais que combinam sequências de eventos raros, culminando em riscos inaceitáveis [45]. Mesmo quando requisitos cobrindo combinações de eventos raros são especificados, eles podem ser implementados de forma incorreta ou inconsistente [44]. Portanto, requisitos relacionados à segurança em sistemas críticos devem ser cuidadosamente especificados, demandando abordagens de Engenharia de Requisitos mais sofisticadas dos que as disponíveis atualmente.

Quadro 6.3. Características complementares de software para sistemas críticos e as lacunas das atuais abordagens de requisitos.

Características de Software para Sistemas Críticos	Lacunas nas Atuais Abordagens de Requisitos
Alto nível de integridade.	A maioria das padronizações para segurança de software adota uma abordagem de nível de integridade, categorizando software em termos de sua criticidade [46]. As abordagens atuais de requisitos não consideram de forma apropriada o atendimento aos níveis de integridade definidos nas padronizações de segurança.
Sistema de alta complexidade.	Normalmente software crítico atua em sistema de alta complexidade. Conforme discutido em [47], a definição de camadas de abstração facilita o entendimento de sistemas complexos, porém as atuais abordagens de requisitos ainda se mostram inadequadas quanto ao uso de camadas de abstração para o tratamento de requisitos em sistemas críticos.
Alto custo de desenvolvimento.	As padronizações atuais de segurança de software assumem que a segurança é proporcional ao custo [46], pois demandam mais documentação e processos. Isto se justifica pela necessidade de atividades de verificação e validação durante todo o processo. Abordagens de requisitos que contribuam para a simplicidade do projeto podem auxiliar na redução de custo. Porém as abordagens atuais de requisitos não consideram a simplicidade de projeto como uma característica chave.
Tolerância a riscos.	A definição de níveis de tolerância a riscos é um aspecto fundamental durante a definição de requisitos de segurança. Apesar das padronizações de segurança atribuírem grande importância a esse aspecto, ele não é considerado pelas atuais abordagens de requisitos.

Algumas abordagens de avaliação de risco em sistemas críticos foram propostas no contexto da Engenharia de Segurança (*Safety Engineering*). As técnicas mais comuns são *Checklists*, Modos de Falha e Análise de Efeitos (*FMEA - Failure Modes and Effects Analysis*), e Análise de Árvore de Defeitos (*FTA - Fault Tree Analysis*) [48]. A abordagem *Checklist* é simples e fácil de usar, podendo ser empregada em todas as fases do projeto do sistema. Porém, independentemente do esforço empregado para criar uma *Checklist*, não há como garantir que ela seja completa.

FMEA foi originalmente desenvolvida para auxiliar na melhoria da confiabilidade dos sistemas críticos. O objetivo desta técnica é analisar os possíveis modos de falhas de um componente do sistema e identificar as consequências de tais falhas. *FTA* oferece uma estrutura que auxilia engenheiros a analisar eventos catastróficos em sistemas críticos, com a intenção de determinar as condições ambientais sob as quais o estado do sistema se torna inseguro. Porém, para *FTA* se tornar útil, as situações de falhas críticas que podem ocorrer no sistema devem ser identificadas dentre uma grande quantidade de possíveis falhas, considerando aquelas que podem levar a consequências catastróficas [48]. A identificação de quais são as situações de falhas críticas não está no escopo da FTA.

Na Figura 6.3 é apresentado um modelo de alto nível de estados do sistema, focalizando os estados relevantes relacionados à segurança em sistemas críticos. A máquina de estados apresentada destaca três importantes transições de estados em sistemas críticos. Como pode ser observado, o estado "condição de perigo" é o aspecto central neste modelo. Auxiliar na captura e especificação de requisitos, que ajudem os engenheiros de sistemas a entenderem profundamente todas as condições de perigo do sistema, provavelmente é a principal contribuição que abordagens de Engenharia de Requisitos podem oferecer no domínio da Engenharia de Segurança de sistemas críticos. Para tanto, uma abordagem de Engenharia de Requisitos deve conduzir a uma especificação completa das sequências de eventos de risco, eventos de mitigação de risco, e eventos catastróficos.

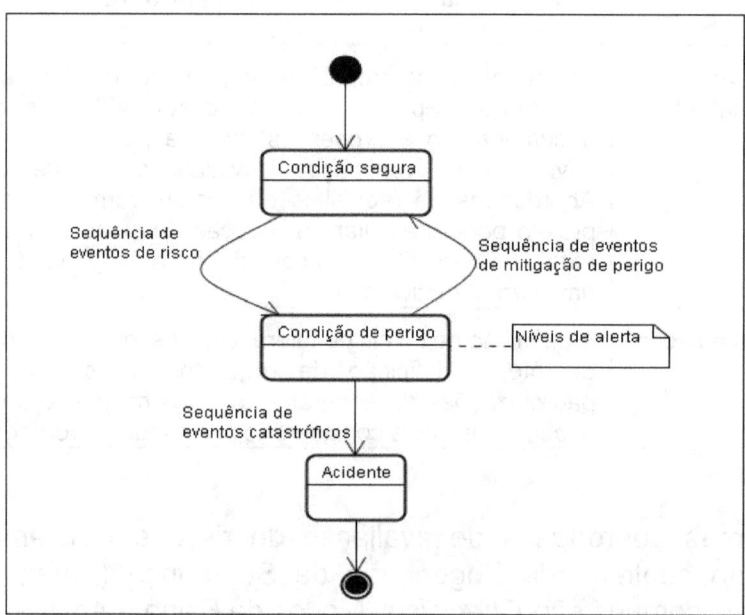

Figura 6.3. Modelo de alto nível dos estados de um sistema crítico, sob a ótica da segurança (*safety*).

Em [45] Lutz e Mikulski discutem a importância de se identificar eventos raros em sistemas críticos. Elas apresentam sete casos em que eventos raros contribuíram para colocar missões de veículos espaciais em risco. Os resultados dos trabalhos de Lutz e Mikulski revelam que eventos raros têm alto potencial para causar acidentes catastróficos em sistemas críticos. Assim, esforços para identificar eventos raros são fortemente recomendados. Porém, as abordagens atuais de Engenharia de Requisitos não se mostram adequadas ao atendimento desta recomendação.

6.4. PADRÕES PARA SISTEMAS CRÍTICOS

Os sistemas críticos tipicamente fazem parte de ambientes regulados por normas e padrões. Estes sistemas trazem impactos à sociedade em geral e, por isto, necessitam de algum grau de legislação sobre os produtos e serviços entregues por empresas que os desenvolvem. Existe a expectativa da sociedade de receber serviços e produtos seguros e confiáveis [23].

Em todos os diversos ambientes regulados, como: aeronáutico, ferroviário, automotivo, nuclear, médico, militar, entre outros, existem padrões que abrangem diversas tecnologias, incluindo o desenvolvimento de sistemas, software e hardware. Como consequência direta, existem normas que regulamentam as necessidades exigidas para demonstrar que os produtos parte de um sistema crítico são seguros e confiáveis para se operar neste tipo de ambiente [24]. Notadamente, os primeiros padrões de sistemas críticos focaram no desenvolvimento de software, no entanto, mais recentemente, as comunidades envolvidas nestes sistemas passaram a se preocupar mais diretamente com o desenvolvimento completo do sistema e com o hardware eletrônico. O Quadro 6.2 apresenta uma lista dos principais padrões existentes, seu escopo, ambiente e ano de publicação.

Quadro 6. 4. Principais padrões existentes no desenvolvimento de sistemas em ambientes regulados.

Padrão	Escopo	Ambiente Típico	Ano
RTCA DO-178C	Software	Aeronáutico	2011
RTCA DO-278A	Software	Controle de Tráfego Aéreo	2011
RTCA DO-254	Hardware Eletrônico	Aeronáutico	2000
IEC 62304	Software	Médico	2015
IEC 61508	Sistemas, Software e Hardware	Nuclear	2010
EN 50128 e IEC 62279	Software e Firmware	Ferroviário e Metroviário	2011
ISO 26262	Sistemas, Software e Hardware	Automotivo	2012
IEEE 12207	Software	Geral	2017

6.4.1 RTCA DO-178C

O início da década de 80 se caracterizou pelo rápido aumento no uso do Software em sistemas e equipamentos de aeronaves e motores. Esta tendência resultou na necessidade de uma orientação para o desenvolvimento de Software aceita pela indústria para satisfazer os requisitos de aeronavegabilidade. A RTCA DO-178C existe para satisfazer esta necessidade. Este documento oferece diretrizes sobre os processos de desenvolvimento de software que os sistemas e equipamentos a bordo precisam apresentar.

Ao longo dos anos, a Agência Nacional de Aviação Civil (ANAC), a *Federal Aviation Administration* (FAA) e a *European Aviation Safety Agency* (EASA) reconhecem as revisões da DO-178 como um meio aceitável para desenvolvimento de Software aeronáutico. Todas as versões foram definidas por representantes da comunidade aeronáutica filiadas à *Radio Technical Commission for Aeronautics* (RTCA).

Cada um dos seus 5 níveis de software desdobra-se em objetivos que devem ser satisfeitos para viabilizar sua aprovação, como parte do processo de certificação de uma aeronave. Dentre os cinco níveis de software existentes (A, B, C, D e E), o nível A possui maior rigor e exige o cumprimento de todos os objetivos da norma. Já o nível E refere-se aos produtos de software cujo mal funcionamento não acarreta perda das margens de segurança.

Assim, associa-se a classificação da condição de falha com níveis definidos na RTCA DO-178C [25], conforme o Quadro 6.3 e se torna necessária a satisfação de um conjunto de objetivos associados.

Quadro 6.4.1 Classificação em níveis de software pela RTCA DO-178C

Pior Condição de Falha do Sistema	Nível de Software Requerido	Objetivos Requeridos
Catastrófica	A	71
Perigosa	B	69
Maior	C	62
Menor	D	24
Sem Efeito em Segurança	E	0

Os 71 objetivos da DO-178C encontram-se organizados em 10 tabelas específicas de objetivos dentro da norma. As tabelas agrupam objetivos de Planejamento, Requisitos, Design, Codificação, Integração, Verificação, Controle de Configuração, Qualidade e Certificação.

Como parte do esforço da liberação da RTCA DO-178C, outras normas suplementares foram desenvolvidas, como a RTCA DO-278A [26], cuja aplicação se encaixa no contexto de desenvolvimento de software de controle de tráfego aéreo. Adicionalmente, outros documentos suplementares foram emitidos, incluindo recomendações especiais sobre: qualificação de ferramentas de software (RTCA DO-330 [27]), desenvolvimento baseado em modelagem (RTCA DO-331 [28]), tecnologia orientada a objetos (RTCA DO-332 [29]) e métodos formais (RTCA DO-

333 [30]). Estes padrões suplementares devem ser utilizados em conjunto com a RTCA DO-178C ou RTCA DO-278A, quando aplicável.

6.4.2 RTCA DO-254

A RTCA DO-254 [31] surgiu como um guia para assegurar o projeto correto de dispositivos de hardware eletrônico do meio aeronáutico desde a concepção até a certificação inicial e subsequentes alterações de projeto.

Esse padrão se encaixa no escopo de unidades de hardware e seus componentes como as placas de circuito, processadores, memórias e dispositivos customizados de lógica programável como os *Application Specific Circuits* (ASIC) e *Programmable Logic Devices* (PLD).

Apesar da RTCA DO-254 ter o escopo abrangente em diversas partes do hardware eletrônico, a Agência Nacional de Aviação Civil (ANAC), a *Federal Aviation Administration* (FAA) e a *European Aviation Safety Agency* (EASA) reconhecem as a DO-254 como obrigatória no processo de certificação apenas os dispositivos customizados de lógica programável como os *Application Specific Circuits* (ASIC) e *Programmable Logic Devices* (PLD). Não obrigando necessariamente a sua aplicação em outras partes do hardware.

De maneira análoga com a RTCA DO-178C, apresentada na seção 1.5.1, a RTCA DO-254 também possui a classificação do hardware eletrônico em 5 níveis (A, B, C, D e E), que também são associados às piores condições de falha do sistema. Suas atividades também descrevem as necessidades que deverão ser atendidas na fase de Planejamento, Requisitos, Design, Validação, Verificação, Controle de Configuração, Qualidade e Certificação.

6.4.3 IEC 62304

A IEC 62304 [32] define os requisitos necessários que o ciclo de vida para os dispositivos médicos com software embutido. O conjunto de processos, atividades e tarefas descritas neste padrão estabelecem uma estrutura comum para o ciclo de vida do desenvolvimento de software médico.

De acordo com Magnusson [33], todos os dispositivos médicos precisam satisfazer a regulamentação para garantir a segurança do usuário e do paciente. Com o aumento do uso de software em dispositivos médicos, entidades como o *Food and Drug Administration* (FDA) dos Estados Unidos identificaram a necessidade de uma regulamentação específica para Software.

A IEC 62304 descreve 5 processos: Planejamento, Requisitos, Design, Implementação, Verificação, Integração, Testes, Entrega, Gestão de Riscos e Controle de Configuração. A IEC 62304 requer que fabricantes atribuam uma classe de segurança para os sistemas com software. Esta classificação é baseada no potencial perigo que pode resultar em um prejuízo para o usuário ou o paciente, em caso de um comportamento anormal do sistema. O software pode ser categorizado em três classes. A classe C possui o maior rigor e exige o cumprimento de todas as atividades associadas. As classes B e A possuem um menor número de atividades requeridas, conforme apresentado no Quadro 6.4.

Quadro 6.4.3 Classes de software pela IEC 62304 e tarefas requeridas

Classe de Impacto	Impacto no Usuário ou Paciente	Tarefas Requeridas
A	Não é possível ter prejuízo ou danos à saúde	44
B	É possível ter lesão não grave	87
C	É possível haver morte ou lesão grave	92

6.4.4 IEC 61508

A IEC 61508 [34] consiste em um padrão de segurança funcional aplicável em qualquer domínio crítico de segurança. No entanto, este padrão tem se consolidado no segmento nuclear e químico (óleo e gás) [35]. Dentre o conjunto de partes da IEC 61508, a terceira parte (IEC 61508-3) apresenta os detalhes sobre o ciclo de vida de Software, baseado no ciclo de vida em V. Este padrão, apesar de uso geral, foi a base para o padrão ISO 26262 para o setor automotivo e a CENELEC EN 50128 para o setor ferroviário e metroviário.

O SIL varia de 1 até 4 e para cada um destes existe um conjunto de atividades associadas. A caracterização das atividades possui natureza de dois tipos: Altamente Recomendadas e Recomendadas. No arcabouço da IEC 61508-3 não existem atividades obrigatórias. No entanto, o cumprimento das atividades recomendadas e/ou altamente recomendadas pode se tornar obrigatório por forças contratuais acordadas entre as partes envolvidas. O SIL 1 possui o menor rigor, apresentando o menor número de atividades altamente recomendadas, já o SIL 4, mais rigoroso, com maior número. O Quadro 6.5 apresenta uma visão numérica sobre as atividades recomendadas e altamente recomendadas para cada SIL no desenvolvimento de software dentro do conteúdo da IEC 61508-3.

Quadro 6.4.4. *Safety Integration Levels* pela IEC 61508-3 e suas atividades

Safety Integrity Level	Atividades Altamente Recomendadas	Atividades Recomendadas
1	16	25
2	24	27
3	37	15
4	47	5

6.4.5 CENELEC EN 50128

A CENELEC EN 50128 [36] é um padrão europeu, mas com reconhecimento mundial. Este padrão especifica o processo e seus requisitos técnicos para o desenvolvimento de software para sistemas eletrônicos programáveis para o uso em aplicações de controle e proteção de sistemas ferroviários e metroviários. A IEC 62279 é o padrão equivalente que é utilizado pelos Estados Unidos [37]. Seu escopo inclui todo o tipo de lógica, como os softwares de aplicação, os sistemas operacionais, as ferramentas de suporte e o firmware. A CENELEC EN 50128 descreve 9 fases: Requisitos, Arquitetura, Design, Implementação, Testes, Integração, Validação, Entrega e Manutenção

O *Safety Integrity Level* (SIL) é definido como um nível relativo de redução de risco fornecido por uma função de segurança ou para especificar um nível alvo de redução de risco. Em termos simples, o SIL é uma medida de desempenho necessária para uma função instrumentada de segurança.

Os requisitos para um determinado SIL não são consistentes entre todos os padrões de segurança funcional. Na CENELEC EN 50128, quatro SILs são definidos, sendo o SIL 4 o mais confiável e o SIL 0 o menor. Existe ainda um SIL 0, Um SIL é determinado com base em vários fatores quantitativos em combinação com fatores qualitativos, como o processo de desenvolvimento e o gerenciamento do ciclo de vida de segurança. O Quadro 1.6 apresenta o número de atividades mandatórias, altamente recomendadas e recomendadas associada a cada SIL. Apesar de numericamente, o SIL 1 e 2 e SIL 3 e 4 terem um conjunto idêntico, algumas atividades exigem independência na sua comprovação.

Quadro 6.4.5 *Safety Integration Levels* pela CENELEC EN 50128 e suas atividades

Safety Integrity Level	Atividades Mandatórias	Atividades Altamente Recomendadas	Atividades Recomendadas
0	4	53	16
1	5	53	54
2	5	69	54
3	19	30	84
4	19	30	84

6.4.6. ISO 26262

O padrão ISO 26262 [38] consiste em 9 partes normativas e uma diretriz para a ISO 26262 como a décima parte, sendo estas: Vocabulário, Gestão de Segurança Funcional, Fase Conceitual, Desenvolvimento do Sistema Desenvolvimento do Hardware, Desenvolvimento do Software, Produção e Operação, Processos de

Apoio, Análise Orientada para Segurança do Nível de integridade Automotiva (ASIL) e Orientações sobre a ISO 26262.

A determinação de ASIL é o resultado da análise de perigos e avaliação de risco. No contexto da ISO 26262, um perigo é avaliado com base no impacto relativo de efeitos perigosos relacionados a um sistema, conforme ajustado para as probabilidades relativas do perigo que manifesta esses efeitos. Notadamente, cada evento perigoso é avaliado em termos de gravidade de possíveis lesões dentro do contexto da quantidade relativa de tempo que um veículo é exposto à possibilidade de ocorrência do perigo, bem como a probabilidade relativa de que um motorista típico possa agir para evitar prejuízo.

6.4.7 IEEE 12207

A IEEE 12207 [39] estabelece uma estrutura comum para processos de ciclo de vida de software, com terminologia bem definida, que pode ser referenciado pela indústria de software. Contém processos, atividades e tarefas que são aplicáveis durante a aquisição, fornecimento, desenvolvimento, operação, manutenção ou descarte de sistemas de software, produtos e serviços. Estes processos do ciclo de vida são realizados através do envolvimento de stakeholders, com o objetivo final de alcançar a satisfação do cliente.

Este padrão se aplica à aquisição, fornecimento, desenvolvimento, operação, manutenção e descarte de sistemas de software, produtos e serviços, e parte do software de qualquer sistema, incluindo a porção de software do firmware. Esses aspectos do sistema definição necessária para fornecer o contexto para produtos de software e serviços estão incluídos. Este documento também fornece processos que podem ser empregados para definir, controlar e melhorar a vida útil do software processos de ciclo dentro de uma organização ou projeto. Diferentemente de outros padrões, que especificam níveis ou classes, a IEEE 12207 não possui uma estratégia de fatiamento de seu uso. No entanto, entende-se que nem todos os sistemas com software necessitam cumprir com todas as recomendações deste padrão. Assim, existe uma abordagem de simplificação pela adaptação de algumas partes. Adaptação não é um requisito para conformidade com este padrão, no entanto, quando utilizada, deve ser previamente acordada entre as organizações envolvidas. De fato, a adaptação não é permitida se uma reivindicação de conformidade total for feita.

6.5 ESTRATÉGIAS PARA CERTIFICAÇÃO DE SISTEMAS CRÍTICOS

O processo de certificação de sistemas críticos é bastante usual. Órgãos como o *Federal Aviation Administration* (FAA) ou o *Food and Drug Administration* (FDA) e os equivalentes existentes em diversos países conduzem processos de certificação dos produtos da área aeronáutica e médica respectivamente. Em outros domínios críticos, um contrato entre as partes também define os critérios para aceitação e aprovação destes sistemas. Tanto nos casos de certificação ou aceitação/aprovação, torna-se importante um bom entendimento entre as partes envolvidas. Neste capítulo, trataremos o processo de aprovação/aceitação da mesma forma que o processo de certificação, por conta da similaridade existente. O processo de certificação possui dois papéis principais definidos: o requerente, a empresa que detém os direitos sobre o produto a ser certificado e o certificador, que é a entidade que irá avaliar a aderência aos requisitos necessários para certificar o produto apresentado.

As seguintes estratégias podem ser utilizadas para o planejamento de um projeto com certificação

- Determine a necessidade de certificação do projeto o mais cedo possível: importante saber como o produto projetado será certificado ou aprovado, incluindo escopo necessário que deve considerar o seu tipo de uso, mercado e quem será atendido;
- Identifique um especialista em certificação de projetos similares: uma pessoa com experiência prévia no tipo de projeto que, principalmente, possa auxiliar na demonstração de aderência com os padrões obrigatórios;
- Estabeleça uma base de certificação com o certificador: defina quais são os requisitos e padrões, indicando principalmente suas versões. Se algum método alternativo para algum requisito, padrão ou partes destes for necessário, estabeleça a avaliação desta alternativa o mais cedo possível;
- Estabeleça um diagrama com as partes físicas e lógicas do sistema, incluindo todos os caminhos de comunicação e um sumário da informação que flui entre as partes. Identifique as partes externas, incluindo as fronteiras de certificação;
- Identifique os pontos chaves da estratégia de segurança: identificar os cenários de detecção, acomodação e estados de falha segura;
- Defina a cobertura de como e quais falhas serão registradas e anunciadas ao usuário: definir se o usuário será informado da falha ou se está restará registrada em log, definir cores, mensagens e sons para anunciar a presença de falha;
- Defina um plano para desenvolver o software com o rigor apropriado: inclui a definição de planos, processos, ferramentas, papéis, linguagens e empresas subcontratadas; e
- Planeje os critérios de recertificação; qualquer mudança na certificação original deverá ser reavaliada no aspecto de segurança. Inclui acordos e critérios estabelecidos entre o requerente e o

certificador sobre quais mudanças serão obrigatoriamente reavaliadas pelo certificador e quais podem ser avaliadas pelo próprio requerente.

O processo de certificação pode ser evidenciado pela demonstração de cumprimento com requisitos e padrões previamente estabelecidos. Existem algumas maneiras de avaliação do certificador, destaca-se, no entanto, os seguintes métodos de avaliação tipicamente utilizados: testes, auditorias e verificação documental.

O objetivo dos testes de certificação é verificar se as funcionalidades atendem aos requisitos de certificação. Estes testes não exercitam o sistema completamente, apenas verificam que os requisitos de certificação previamente identificados e que podem ser demonstrados por testes na presença do certificador. As auditorias servem para avaliar requisitos não funcionais, como a necessidade de cumprir com padrões. As auditorias avaliam a aderência aos padrões checando amostras de partes do produto para avaliação se estas foram desenvolvidas com conformidade.

As auditorias podem ser feitas em diversos estágios. Para os sistemas com software, é usual fazer uma primeira auditoria no desenvolvimento do software, ainda no estágio de requisitos, design e codificação e uma segunda, posteriormente, quando os testes de software e demais análises foram conduzidas. Por fim, a verificação documental foca em avaliar documentos produzidos com as análises realizadas. É comum em sistemas críticos que os documentos que apresentam as análises de segurança sejam entregues, avaliados e aprovados pelo certificador. A Figura 6.2 apresenta um fluxo típico utilizado na certificação de sistemas críticos.

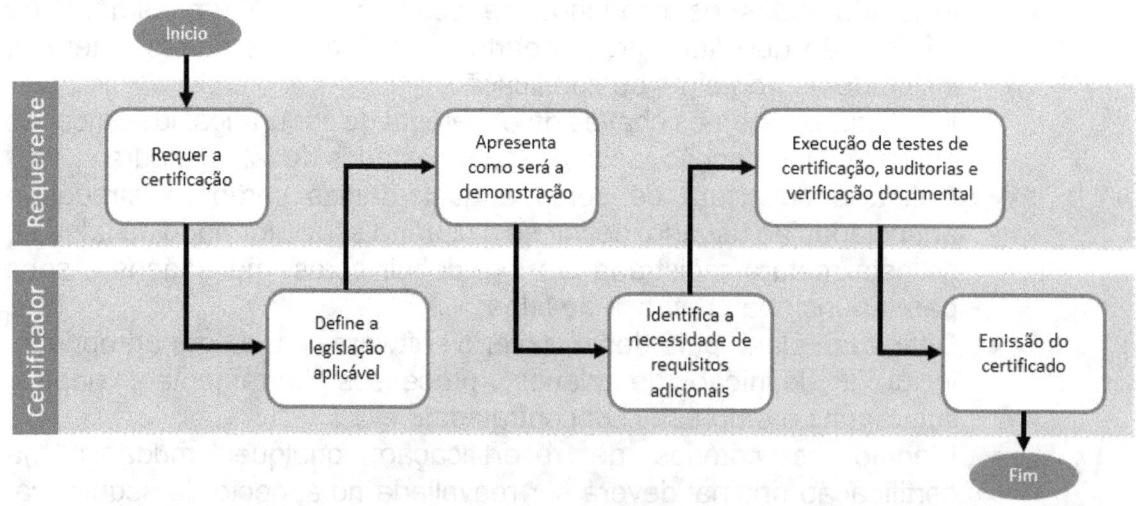

Figura 6.7. Fluxo Típico de Certificação de Sistemas Críticos

Existem diversos aspectos que precisam ser considerados no processo de certificação de sistemas críticos. Oshana e Kraeling [40] apontam os seguintes aspectos que são relegados frequentemente: Falha ao identificar requisitos de segurança;

1. Requisitos para o sistema e seus componentes não identificados adequadamente;
2. Falta de rastreabilidade clara para demonstrar aderência com os padrões aplicáveis;
3. Escopo do projeto muda constantemente;
4. Condução de vários projetos que demandam certificação simultaneamente;
5. Não estabelecer um contato único com o certificador;
6. Submeter a documentação apenas no término do projeto; e
7. Não estabelecer apropriadamente a sequência de tarefas de certificação.

6.6 CONSIDERAÇÕES FINAIS

O desenvolvimento de SC é desafiador e vem ganhando mais atenção da área de engenharia de software na última década. Muitas funcionalidades de SC estão migrando do contexto de hardware para o contexto de software, tornando mais difícil e complexo o processo de certificação dos produtos e seus sistemas críticos relacionados. Por outro lado, os atuais padrões de segurança (*safety standards*) possuem muita similaridade. Na sequência apresentamos uma agenda de pesquisa para os próximos anos, apontando desafios e questões de pesquisa que ainda precisam ser endereçados no contexto do desenvolvimento de SC [49]:

- Em que medida a combinação de abordagens tradicionais e novas melhora a comunicação de requisitos entre os profissionais envolvidos no desenvolvimento de SC?
- Quais são os problemas e conflitos comuns entre as abordagens de requisitos de segurança e proteção - a fim de propor uma base comum para o desenvolvimento de novas abordagens integradas?
- Em que medida os atuais padrões de segurança (*safety standards*) são utilizados pelos profissionais para melhorar os requisitos de segurança em sistemas de múltiplos domínios?
- Será possível um padrão único e universal que seja válido para todos os SC?
- Até que ponto as abordagens de engenharia de requisitos ágil podem melhorar a integração entre equipes de segurança, requisitos, testes e certificação?
- Até que ponto as abordagens baseadas em modelos podem ajudar durante o processo de comunicação de requisitos em todo o ciclo de vida de SC?
- Em que medida as atuais práticas de engenharia de requisitos endereçaram os problemas de comunicação entre desenvolvedores e fornecedores?
- Em que medida as novas abordagens de análise de segurança / risco (por exemplo STAMP) estão sendo consideradas pelas organizações internacionais de padrões?

- Precisamos repensar nossos conceitos de SC, levando em conta as novas tecnologias que estão apoiando a infraestrutura da sociedade moderna? Os novos conceitos de SC afetarão nossas práticas atuais de desenvolvimento de sistemas, bem como nossos padrões e regulamentos de segurança?

REFERÊNCIAS

[1] Hatcliff, J., Wassyng, A., Kelly, T., Comar, C., and Jones, P. (2014). Certifiably safe software-dependent systems: challenges and directions. In Proceedings of the on Future of Software Engineering - FOSE, (pp. 182–200).

[2] Leveson, N. G. (2011). Engineering a Safer World: Systems Thinking Applied to Safety. The MIT Press.

[3] Heimdahl, M. P. E. (2007). Safety and Software Intensive Systems: Challenges Old and New. In FoSE 2007: Future of Software Engineering (pp. 137–152).

[4] Nair, S., de la Vara, J. L., Sabetzadeh, M., and Falessi, D. (2015). Evidence management for compliance of critical systems with safety standards: A survey on the state of practice. Information and Software Technology, 60, (pp. 1–15).

[5] Lutz, R. (2000). Software Engineering for Safety: A Roadmap. In FoSE 2000: Future of Software Engineering. (pp. 215-224).

[6] Van Lamsweerde, a. (2000). Requirements engineering in the year 00: a research perspective. In Proceedings of the International Conference on Software Engineering (ICSE), (pp. 5–19). doi:10.1109/ICSE.2000.870392

[7] Nair, S., de la Vara, J. L., Sabetzadeh, M., and Briand, L. (2014). An extended systematic literature review on provision of evidence for safety certification. Information and Software Technology, 56, (pp. 689–717).

[8] Carlson, C. S. (2014). Understanding and Applying the Fundamentals of FMEAs. Tutorial Notes AR&MS (pp. 1-35).

[9] Carlson, C. S. (2012). Effective FMEAs: Achieving Safe, Reliable, and Economical Products and Processes Using Failure Mode and Effect Analysis. Wiley.

[10] Martins, L. E. G. and Gorschek, T. (2016). Requirements Engineering for Safety-Critical Systems: A Systematic Literature Review, Information and Software Technology, Vol. 75, July 2016, (pp.71–89).

[11] Martins, L. E. G. and Gorschek, T. (2017). Requirements Engineering for Safety-Critical Systems: Overview and Challenges. IEEE Software, v. 34, (pp. 49-57). http://doi.org/10.1109/MS.2017.94

[12] Abdulkhaleq, A., Wagner, S., and Leveson, N. (2015). A comprehensive safety engineering approach for software-intensive systems based on STPA. Procedia Engineering, 128, 2–11. http://doi.org/10.1016/j.proeng.2015.11.498

[13] Hansen, K. M., Member, Anders, P. R., and Stavridou, V. (1998). From Safety Analysis to Software Requirements. IEEE Transactions on Software Engineering, 24(7), 573–584.

[14] Medikonda, B. S. and Ramaiah, P. S. (2010). Integrated safety analysis of software-controlled critical systems. ACM SIGSOFT Software Engineering Notes, 35(1), 1. http://doi.org/10.1145/1668862.1668865

[15] Ivarsson, M. and Gorschek, T. (2009). Technology Transfer Decision Support in Requirements Engineering Research: A Systematic Review of REj. Requirements Engineering Journal, vol. 14, no. 3, (pp. 155-175).

[16] Modugno, F., Leveson, N. G., Reese, J. D., Partridge, K., and Sandys, S. D. (1997). Integrated safety analysis of requirements specifications. Requirements Engineering, 2(2), 65–78. http://doi.org/10.1007/BF02813026

[17] Wohlin, C., Runeson, P., Host, M., Ohlsson, M. C., Regnell, B., e Wesslén, A. (2000). Experimentation in Software Engineering: An Introduction. Kluwer Academic.

[18] Kitchenham, B. e Charters, S. (2007). Guidelines for Performing Systematic Literature Reviews in Software Engineering, Technical Report EBSE-2007-01, Software Eng. Group, Keele Univ. and Dept. of Computer Science, Univ. of Durham, UK.

[19] Biolchini, J., Mian, P. G., Candida, A., Natali, C., and Travassos, G.H. (2005). Systematic Review in Software Engineering. Technical Report RT-ES 679/05, COOPE/UFRJ, (pp. 1–30).

[20] Martins, L. E. G., de Faria, H., Vecchete, L., Cunha, T., de Oliveira, T., Casarini, D. E., Colucci, J. A. (2015). Development of a Low-Cost Insulin Infusion Pump: Lessons Learned from an Industry Case. In: 28th IEEE International Symposium on Computer-Based Medical Systems (CBMS), São Carlos, 2015. (pp. 338-343). http://doi.org/10.1109/CBMS.2015.14

[21] Runeson, P. and Höst, M. (2009). Guidelines for conducting and reporting case study research in software engineering. Empirical Software Engineering, 14, 131–164. http://doi.org/10.1007/s10664-008-9102-8

[22] Wienen, H. C. A., Bukhsh, F. A., Vriezekolk, E., & Wieringa, R. J. (2017). Accident Analysis Methods and Models — a Systematic Literature Review. (CTIT Technical Report; No. TR-CTIT-17-04). Centre for Telematics and Information Technology University of Twente.

[23] Marques, J. e Cunha, A. (2016). Especificação de Requisitos de Software: Um Modelo ágil para Ambientes Regulados. Novas Edições Acadêmicas.

[24] Marques, J. e Cunha, A. (2013). A Reference Methods for Airborne Software Requirements. In: 32nd IEEE/AIAA Digital Avionics System Conference, Syracuse, Estados Unidos, 2013. (pp. 7A2-1-7A2-14). http://doi.org/10.1109/DASC.2013.6719712

[25] Radio Technical Commission for Aeronautics (2011a). DO-178C Software Considerations in Airborne Systems and Equipment Certification.

[26] Radio Technical Commission for Aeronautics (2011b) DO-278A Software Integrity Assurance Considerations for Communication, Navigation, Surveillance and Air Traffic Management (CNS/ATM) Systems.

[27] Radio Technical Commission for Aeronautics (2011c). DO-330 Software Tool Qualification Considerations.

[28] Radio Technical Commission for Aeronautics (2011d). DO-331 Model-Based Development and Verification Supplement to DO-178C and DO-278A.

[29] Radio Technical Commission for Aeronautics (2011e).DO-332 Object-Oriented and Related Technologies Supplement to DO-178C and DO-278A.

[30] Radio Technical Commission for Aeronautics (2011f). DO-333 Formal Methods Supplement to DO-178C and DO-278A.

[31] Radio Technical Commission for Aeronautics (2000) DO-254 Design Assurance Guidance for Airborne Electronic Hardware.

[32] International Electrotechnical Commission (2015). IEC 62304: Medical Device Software - Software Life-Cycle Processes.

[33] Magnusson, A. (2012). IEC 62304 Regulations for the Development of Medical Device Software. Dissertação (Mestrado) – Chalmers University of Technology.

[34] International Electrotechnical Commission (2010). IEC61508: Functional Safety of Electrical/Electronic/Programmable Electronic Safety Related System.

[35] Knochenhauer, M., Jacobbsenrn, B., Bakken, I., Baas, T. L. (2010). Process Safety, Instrumented Safety Barriers – What Can We Learn from the Nuclear Industry? In: 2010 Petroleum & Chemical Industry Committee Conference. Oslo, Noruega, 2010. (pp. 1-9)

[36] European Committee for Electrotechnical Standardization (2011). CENELEC EN 50128: Railway applications. Communications, Signaling

and Processing Systems. Software for Railway Control and Protection Systems

[37] International Electrotechnical Commission (2015). IEC 62279: Railway applications. Communications, Signaling and Processing Systems. Software for Railway Control and Protection Systems.

[38] International Standardization Organization (2011). ISO26262: Road Vehicles- Functional Safety.

[39] Institute of Electrical and Electronic Engineers (2017). IEEE 12207: Systems and Software Engineering – Software Life Cycle Processes.

[40] Oshana, R. e Kraeling, M. (2013) Software Engineering for Embedded Systems: Methods, Practical Techniques and Applications. Elsevier.

[41] Sommerville, I. (2010) Software Engineering. Addison-Wesley.

[42] Navarro E, Sánchez P, Letelier P, Pastor JA. and Ramos I. (2006) A Goal-Oriented Approach for Safety Requirements Specification. Proceedings of the 13th IEEE International Symposium and Workshop on Engineering of Computer Based Systems (ECBS), 2006. pp.318-326.

[43] Firesmith, D. (2010) Engineering Safety- and Security-Related Requirements for Software-Intensive Systems. 32nd IEEE International Conference on Software Engineering, One-Day Tutorial (ICSE'2010). South Africa, May 2010.

[44] Firesmith, D. (2004) Engineering Safety Requirements, Safety Constraints, and Safety-Critical Requirements. Journal of Object Technology, vol. 3, no. 3, march/april 2004.

[45] Lutz, R. R. and Mikulski, I. C. (2003) Operational Anomalies as a Cause of Safety-Critical Requirements Evolution. Journal of Systems and Software, Elsevier, vol. 65, no. 2, 2003. pp. 155-161.

[46] Squair, M. J. (2005) Issues in the application of Software Safety Standards. 10th Australian Workshop on Safety Related Programmable Systems (SCS), vol. 55. Sidney, 2005. pp. 13-26.

[47] Sikora, E.; Tenbergen, B. and Pohl, K. (2012) Industry Needs and Research Directions in Requirements Engineering for Embedded Systems. Requirements Engineering Journal, vol. 17, no. 1, 2012. pp. 57-78.

[48] Broomfield, E. J and Chung, P. W. H. (1997) Safety Assessment and the Software Requirements Specification. Journal of Reliability Engineering and System Safety, Elsevier. Vol. 55, no. 3, 1997. pp. 295-309.

[49] L. E. G. Martins and T. Gorschek (2017) Requirements Engineering for Safety-Critical Systems: Overview and Challenges, IEEE Software Magazine, July/August 2017, pp. 49-57.

Capítulo

7

Redes de Petri em Hardware

Tiago de Oliveira
Instituto de Ciência e Tecnologia, Universidade Federal de São Paulo – Unifesp

Abstract

The Petri Net has been shown to be a powerful formal language for specifying and modeling the algorithmic behavior of synchronous and asynchronous parallel systems at a very high level of abstraction. Furthermore, a Petri Net has several methods to analyze and verify the occurrence of errors before the system implementation phase. Therefore, some techniques have been proposed to map a Petri Net model system in a Hardware Platform. One reason to do this is to accelerate the execution time analysis of the system modelled. Other reason is to physically implement the system which will be used in a real environment. Thus, in this chapter, some possible techniques of systems physical implementation modeled in Petri Nets are described and some architectures that implement Petri Nets models in hardware are exposed. Finally, a practical example of the synthesis of a Petri Net in programmable logic array (FPGA) is presented.

Resumo

A Rede de Petri tem se mostrado uma linguagem formal poderosa para especificar e modelar o comportamento algorítmico de sistemas paralelos síncronos e assíncronos num nível de abstração bem elevado, além de possuir diversos métodos de análise que permitem verificar a ocorrência de erros antes de se iniciar a fase de implementação de um sistema. Por isso, têm sido propostas algumas técnicas automáticas que permitem o mapeamento em Hardware de um modelo descrito por meio de uma Rede de Petri com o intuito de acelerar o tempo de resposta de execução dessa Rede de Petri para análise do sistema modelado ou até mesmo para implementar fisicamente o próprio sistema modelado. Sendo assim, neste capítulo, descrevem-se algumas possíveis técnicas de implementação física de sistemas modelados em Redes de Petri e expõem-se algumas arquiteturas que implementam modelos de Redes de Petri em hardware. Por fim, um exemplo prático de síntese de uma Rede de Petri em lógica programável (FPGA) é apresentado.

1. INTRODUÇÃO

Uma Rede de Petri pode ser considerada um grafo direcionado. Diversos tipos de Redes de Petri podem ser encontrados na literatura, como por exemplo, as redes Lugar/Transição [15], Colorida [15] [8], T-temporizada [19], Estocástica [13] [19], entre outras. As Redes de Petri são utilizadas como uma ferramenta de modelagem, podendo ser aplicada em muitos sistemas discretos para descrever e analisar seus comportamentos e estruturas. Devido a sua poderosa linguagem formal, as Redes de Petri têm sido adotadas como uma metodologia de projeto, capaz de modelar sistemas num nível elevado de abstração, além de possibilitar a verificação, a validação e a implementação de sistemas cada vez mais complexos. Na Figura 7.1 (a) apresenta-se uma representação gráfica de uma Rede de Petri Lugar/Transição. De acordo com esta figura, três elementos são necessários para a realização de uma Rede Lugar/Transição: os lugares representados por círculos (p1, p2 e p3), as transições representadas por retângulos (t1) e os arcos direcionados que podem conectar lugares às transições (a1 e a2) ou transições aos lugares (a3). Além disso, os arcos podem conter pesos, sendo que um arco de peso p pode ser interpretado como p arcos em paralelo, como é o caso do a2 na Fig. 7.1 (a). Em analogia a modelagem de um determinado sistema discreto, os lugares equivalem às variáveis de estado enquanto as transições equivalem às ações que podem ser realizadas pelo sistema modelado.

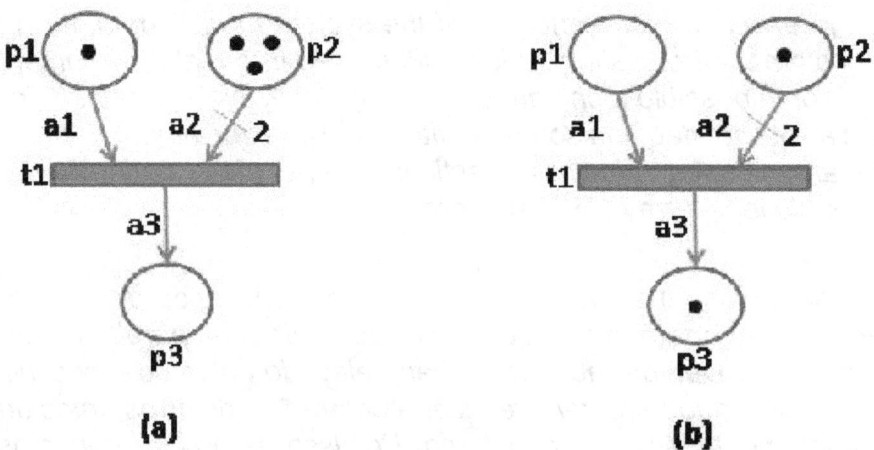

Figura 7.1. (a) Exemplo de uma Rede de Petri Lugar/Transição, (b) Configuração da Rede de Petri após o disparo da transição t1

Uma determinada transição, como pode ser observada na Fig. 7.1 (a), possui lugares de entrada (p1 e p1) e lugares de saída (p3). Para modelar a dinâmica de um determinado sistema, marcas ou *tokens* são colocados internamente nos lugares para representar a existência ou não de um estado. Cada lugar pode conter uma ou mais marcas, representadas por pontos. Como exemplo, na Fig. 7.1 (a), o lugar p1 possui 1 marca, p2 possui 3 marcas e p3 não possui nenhuma marca.

O dinamismo do sistema modelado é descrito, na Rede de Petri, por meio de seus estados e de sua respectiva transição para outros estados. Essa transição é regida por uma regra de habilitação e de disparo das transições. Sendo assim, a ocorrência de um evento no sistema, representa o que se denomina disparo de transição. As regras de habilitação e de disparo são explicadas na sequência.

Uma transição está habilitada para o disparo se em todos os lugares de entrada que está conectado a transição houver um número de marcas igual ou maior ao peso do respectivo arco. No caso da Fig. 7.1 (a), a transição t1 está apta para o disparo, já que possui marcas suficientes em p1 (necessário uma marca) e em p2 (necessário duas marcas). Estando habilitada ao disparo, uma transição poderá ou não disparar. Quando o evento associado à transição ocorrer no sistema, então o disparo deverá ser realizado. Uma vez disparada, todo lugar de entrada tem seu número de marcas decrementado pelo valor do peso do arco correspondente, enquanto em todo lugar de saída tem-se o seu número de marcas adicionado do valor do peso do arco correspondente. Na Fig. 7.1 (b), pode-se observar o processo de disparo de uma transição na configuração da Fig. 7.1 (a). Ao disparar a transição t1, consome-se uma marca do lugar de entrada p1 e duas marcas do lugar de entrada p2, enquanto ao lugar de saída p3 acrescenta-se uma marca.

Devido ao seu uso para a modelagem de sistemas cada vez mais complexos, têm sido propostas algumas técnicas que buscam mapear Redes de Petri em *hardware* seja para otimizar o tempo de resposta na análise do sistema modelado ou seja para implementar fisicamente o próprio sistema com o intuito de utilizá-lo num ambiente real.

A seguir, apresentam-se algumas formas possíveis de implementação física de Redes de Petri em *hardware*, posteriormente, expõem-se algumas arquiteturas, extraídas da literatura científica, que implementam modelos de Redes de Petri em *hardware*, como um sistema multiprocessado controlado por Redes de Petri e a arquitetura Achilles utilizada para implementar modelos de Redes de Petri Lugar/Transição. Um exemplo prático de síntese de uma Rede de Petri em uma plataforma de *hardware* FPGA é apresentado. Por fim, comentam-se sobre a implementação de um seletor pseudo-aleatório de transição e sobre a utilização de recursos num FPGA.

7.2. FORMAS DE IMPLEMENTAÇÃO FÍSICA DE REDES DE PETRI

Os métodos de implementação de Redes de Petri podem ser classificados em duas categorias: *software* e *hardware*. Uma implementação em *software* é a simulação de Redes de Petri usando-se sistemas computacionais que, de modo geral, consomem grande tempo de processamento [4]. Por sua vez, a implementação de uma Rede de Petri em *hardware* reduz significativamente o tempo de processamento se comparado ao de uma implementação em processadores sequenciais convencionais devido ao alto grau de paralelismo que pode existir na avaliação da habilitação de todas as ações da rede, na seleção de uma ação para disparar, e na determinação do próximo estado da rede quando ocorrer o disparo da ação selecionada. A implementação em *hardware* pode ser subdividida em realizações indiretas e diretas [7]. As realizações indiretas têm por base a tradução da Rede de Petri numa representação intermediária, como por exemplo um grafo de estados, o qual será posteriormente sintetizado em equações lógicas [7].

Ao caracterizar uma Rede de Petri limitada com uma determinada marcação inicial através de um grafo de estados finito, encontra-se o que pode ser chamado de uma máquina de estados, em que os estados são associados às várias marcações da Rede de Petri e as condições de transição entre estados estão associadas aos disparos das transições na rede [7]. No exemplo de Rede de Petri da figura 10.2(a), o grafo de estados finito apresentado na Figura 7.2(b) pode ser caracterizado como uma máquina de estados (figura 10.2(c)), o que permite a aplicação de métodos de tradução em equações lógicas para a implementação física da rede [7].

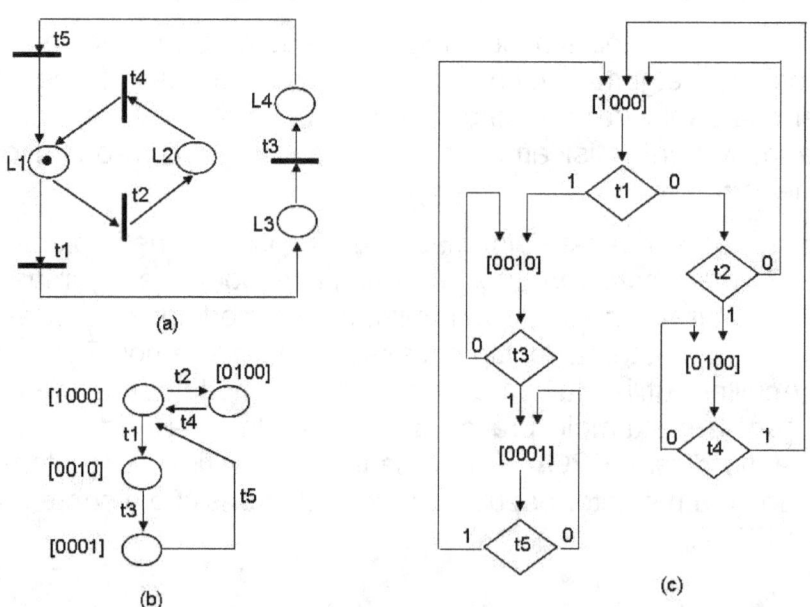

Figura 7.2. Rede de Petri e a sua correspondente máquina de estados

Uma forma de implementação física do grafo de estados pode ser realizada utilizando-se um conjunto de elementos de memória, organizados num vetor, para o armazenamento do estado atual, e uma lógica booleana para determinar a evolução do sistema. O vetor de elementos de memória representa os diferentes nós do grafo. O elemento de memória associado ao estado ativo armazenará o estado lógico "1", enquanto todos os outros elementos conterão "0" [7]. Assim, uma mudança de estado se traduz na desativação do elemento de memória representando o estado anterior e na ativação do elemento de memória associado ao estado seguinte, de acordo com a avaliação das condições de transição [7]. Considerando que o elemento de memória dispõe de entradas de ativação e desativação (*set* e *reset*, respectivamente), tudo se resume a construir as expressões lógicas associadas [7]. Uma desvantagem desse tipo de realização indireta é a grande quantidade de memória necessária para a implementação, visto que o grafo de estados associado a uma Rede de Petri pode se tornar bastante extenso.

Por sua vez, as realizações diretas de Redes de Petri em *hardware* baseiam-se numa tradução, nos quais os elementos da rede (lugares e transições) são implementados por meio de componentes digitais pré-estabelecidos. Pode-se utilizar um programa que realiza a conversão de uma descrição do sistema em Redes de Petri para uma descrição que viabilize uma implementação em *hardware*. As linguagens mais comuns para realizar este refinamento a um nível RTL e de portas lógicas são Verilog e VHDL. Deste modo, o código VHDL ou Verilog gerado é utilizado como entrada para um processo de síntese, o qual transformará a especificação do sistema num conjunto de portas lógicas devidamente interconectados [16]. Para o processo de mapeamento tecnológico, tem-se utilizado FPGAs. A arquitetura de um FPGA possui milhares de células lógicas programáveis disponíveis e a baixo custo. Estas células provêm circuitos lógicos suficientes para a implementação de sistemas digitais complexos em uma única pastilha. Além disso, podem-se utilizar ferramentas de programação de FPGAs que fazem uso de linguagens de alto nível para a descrição do *hardware* a ser implementado. Como consequência, os FPGAs são excelentes dispositivos para a implementação de um sistema computacional. Tal sistema, quando modelado através de uma linguagem de descrição de *hardware*, possui um rápido ciclo de desenvolvimento, pois é automaticamente sintetizado através do processo de programação de FPGAs. Anteriormente aos FPGAs usavam-se os dispositivos conhecidos como PLDs, PALs e PLAs que possuem somente duas matrizes, uma com portas AND e a outra com portas OR [17]. Os FPGAs são diferentes porque são compostos de blocos lógicos configuráveis (CLB) que trabalham de forma semelhante a um sistema sequencial. Os CLBs são compostos de uma memória RAM e de um sistema combinatorial. A memória RAM é programada pelo sistema combinatorial que define o comportamento do sistema sequencial. Com isso, uma grande vantagem da tecnologia FPGA é o alto grau de flexibilidade no processo de mapeamento de uma Rede de Petri, permitindo uma boa alocação dos elementos da rede e otimização das interconexões existentes [17].

7.3. SISTEMA MULTIPROCESSADO CONTROLADO POR MODELOS EM REDES DE PETRI

Neste sistema [2] e [9] implementam um controlador programado por meio de uma descrição em Rede de Petri. O controlador é utilizado pelo sistema para a ativação e desativação de processos paralelos. Na Figura 7.3 apresenta-se a arquitetura do sistema multiprocessado e a implementação de uma Rede de Petri no controlador [2]. Na figura 10.3(a) apresenta-se um exemplo de uma Rede de Petri que pode ser usada para programar o controlador. A cada lugar da Rede de Petri atribui-se um determinado trabalho, o qual deve ser realizado por meio de um programa executado por processadores elementares. Na Figura 7.3(b) apresenta-se a configuração do sistema multiprocessado definido pela Rede de Petri da Figura 7.3(a). Basicamente, essa arquitetura consiste de um controlador, um conjunto de processadores elementares, uma memória de controle compartilhada para permitir a comunicação entre o controlador e os processadores elementares, e uma memória de dados compartilhada para a troca de informações entre os processadores [2].

A descrição em Rede de Petri é armazenada no controlador por meio das tabelas de condição de disparo (TCD), de transferência de marca (TTM) e de atributos de lugares (TAL). A marcação da Rede de Petri é armazenada na tabela de marcação (TM).

Os programas executados são armazenados nos processadores elementares. A tabela TCD indica as transições de saída de cada lugar. A tabela TTM indica os lugares de saída de cada transição. A tabela TAL indica os atributos de cada lugar e a tabela TM indica a distribuição de marcas nos lugares da rede. O controlador compara a tabela TM com a tabela TCD na tentativa de encontrar uma transição habilitada. Se encontrar uma, o controlador procura os lugares de saída daquela transição na tabela TTM. Se o atributo do lugar indexado for normal, o controlador escreve um número (identificador) correspondente a esse lugar na fila de execução de tarefas FET. Se o lugar possuir o atributo final, o controlador encerra a execução dos processos.

Por sua vez, cada processador retira um número da fila FETe executa um programa correspondente àquela numeração (lugar). Ao término da execução da tarefa, o processador elementar escreve na fila de tarefas concluídas FTC, o número cujo programa associado foi executado. Assim, o controlador lê a numeração em FTC, reconhece a conclusão de uma tarefa e então cria uma marca no lugar correspondente na tabela TM. O ciclo é repetido, ou seja, o controlador compara TM com TCD e dá seqüência ao procedimento explicado anteriormente.

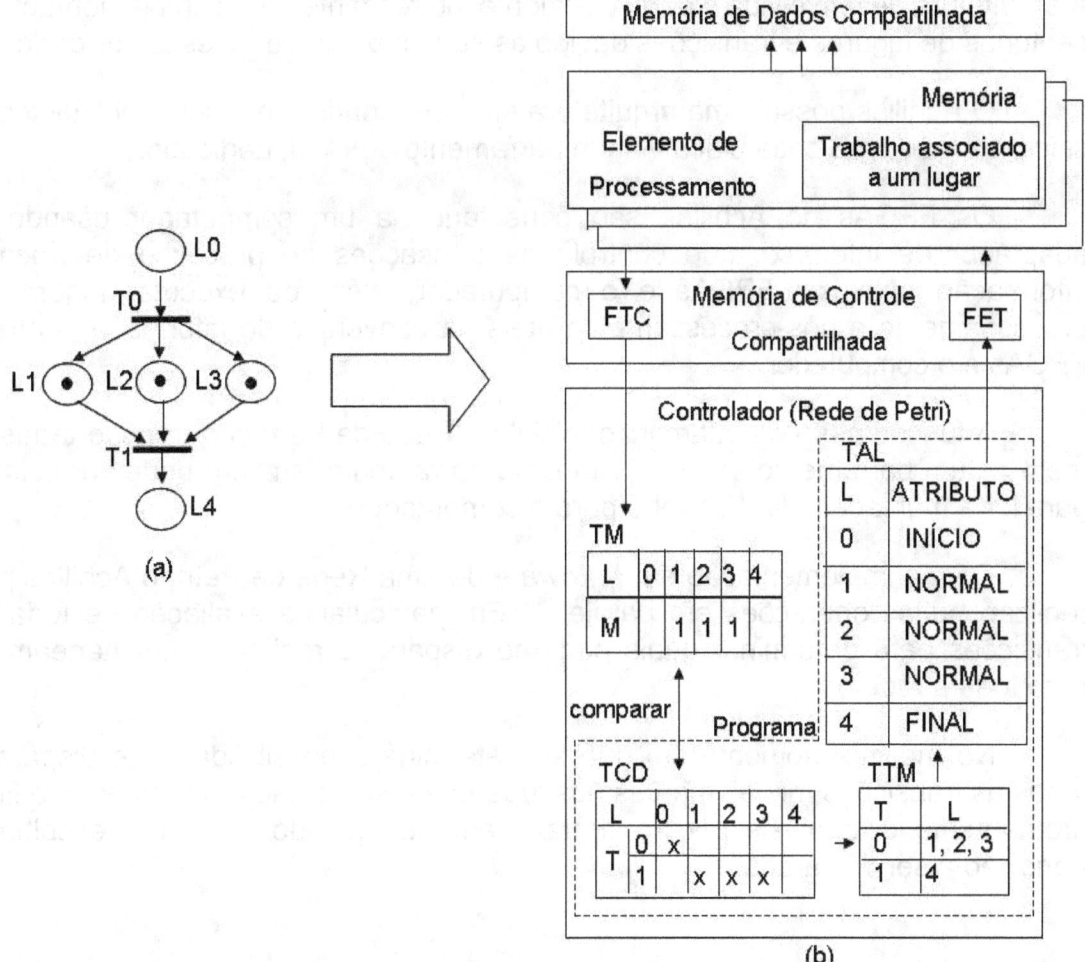

Figura 7.3. (a) Rede de Petri, (b) Controlador configurado por meio de uma Rede de Petri

7.4. ARQUITETURA ACHILLES PARA IMPLEMENTAR MODELOS DESCRITOS EM REDES DE PETRI

Na universidade *Western Australia*, Nedlands, foi desenvolvido um procedimento para gerar códigos VHDL de modelos descritos em Redes de Petri lugar/transição. Há códigos VHDL pré-definidos que implementam os lugares e transições de uma Rede de Petri e um código que implementa o seletor de transição, utilizado para definir as transições que devem ser disparadas. Uma vez gerado o código VHDL do modelo de Rede de Petri, este é mapeado em um ou mais FPGA's, que passam a executar a Rede de Petri especificada. Este sistema foi denominado Achilles [14] e pode ser mapeado em vários FPGAs interligados por meio de placas eletrônicas projetadas para realizar a interconexão entre os FPGAs.

A arquitetura desenvolvida é particularmente interessante para a implementação de centenas de lugares e transições devido às suas flexibilidade e escalabilidade.

O Achilles possui uma arquitetura síncrona, onde um único *clock* distribui a sincronização para cada placa via um barramento de clock dedicado.

Os FPGAs do Achilles são conectados a um computador usando um adaptador de interface, que controla as transações no processo de troca de informação entre os FPGAs e o computador, além de executar algum pré-processamento e pós-processamento úteis na conversão de informação entre os FPGAs e o computador.

A função peso e a marcação inicial da Rede de Petri são transportadas por meio de um barramento serial. O mesmo barramento também pode ser utilizado para ler a marcação atual da rede para o computador.

Com a implementação em *hardware* de uma Rede de Petri, o Achilles pode realizar muitas operações em paralelo. Em particular, a avaliação de todas as transições para determinar quais poderão disparar é realizada simultaneamente para toda a rede.

No mesmo momento em que se determina a possibilidade de disparo de todas as transições, novas marcas nos lugares de saída são determinadas e ficam prontamente disponíveis para o armazenamento quando ocorrer a escolha da transição a ser disparada.

7.5. EXEMPLO PRÁTICO: SÍNTESE DE UMA REDE DE PETRI EM UM FPGA

Baseando-se nos conceitos introduzidos na proposta da arquitetura Achilles [14], foram desenvolvidos, neste trabalho, alguns blocos lógicos no software Quartus [1] com intuito de sintetizar uma Rede de Petri num FPGA. Para este exemplo, modelou-se a Rede de Petri lugar/transição mostrada na Figura 7.4.

Nesta arquitetura, definiram-se os blocos lógicos correspondentes aos elementos da Rede de Petri (lugares e transições) e o fluxo das marcas permitido pela estrutura da rede. Na Figura 7.5, apresenta-se a descrição em hardware de uma transição. O bloco lógico que define o funcionamento da transição possui somadores, subtratores e comparadores que indicam a possibilidade de disparo da transição e calcula os valores das marcas nos lugares de entrada e saída se, por determinação, esta transição vier a disparar.

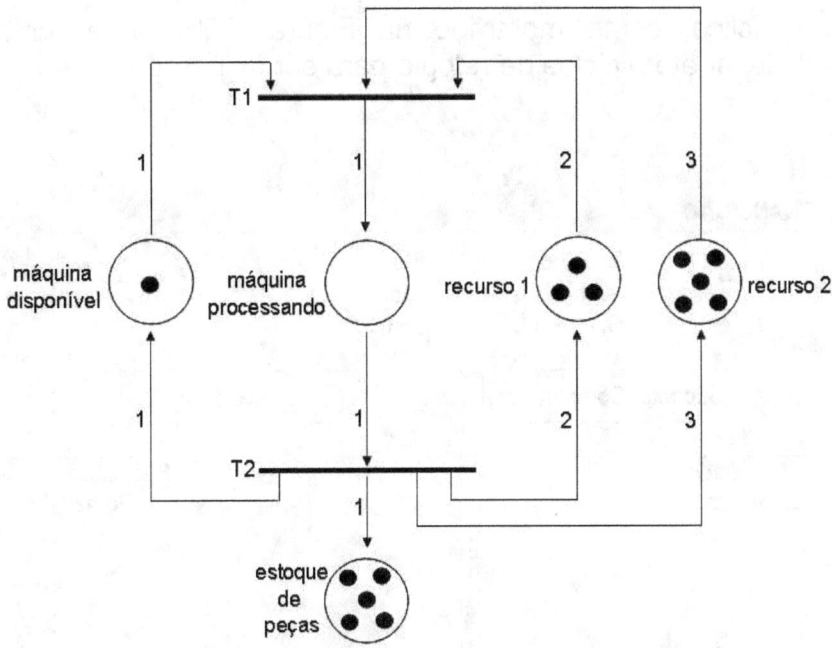

Figura 7.5a. Rede de Petri a ser sintetizada

O bloco lógico correspondente ao comportamento do lugar é composto por um registrador para armazenar a quantidade de marcas disponíveis e um multiplexador para conectar todas as transições relacionadas com este lugar. Os componentes básicos de processamento (somadores, subtratores, comparadores, registradores e os multiplexadores) que integram os blocos lógicos do lugar e da transição foram descritos em VHDL. Os sinais de seleção do multiplexador e o sinal *habilitação* do registrador são disponibilizados por uma unidade de controle, a qual realiza a dinâmica da rede. Esta unidade recebe como entrada os sinais de possibilidade de disparo de todas as transições da rede e, dentre as transições passíveis de disparo, escolhe uma para disparar através dos sinais de controle. Após a ocorrência do *clock*, a transição escolhida é efetivamente disparada. Esta unidade foi desenvolvida utilizando a linguagem VHDL. A arquitetura projetada neste exemplo possui muito paralelismo, ou seja, a avaliação das transições para um possível disparo e o cálculo das marcas de entrada e saída da transição são realizados simultaneamente. O algoritmo de seleção de uma transição, neste exemplo, associa uma prioridade de disparo para cada transição, assim, a transição t1 terá maior prioridade de disparo do que a transição *t2*. Na arquitetura Achilles, o processo de seleção da transição a ser disparada é realizado por um registrador de deslocamento cíclico, como mostrado na Figura 7.5b, onde, uma transição habilitada pode levar até *p* ciclos de relógio para ser disparada.

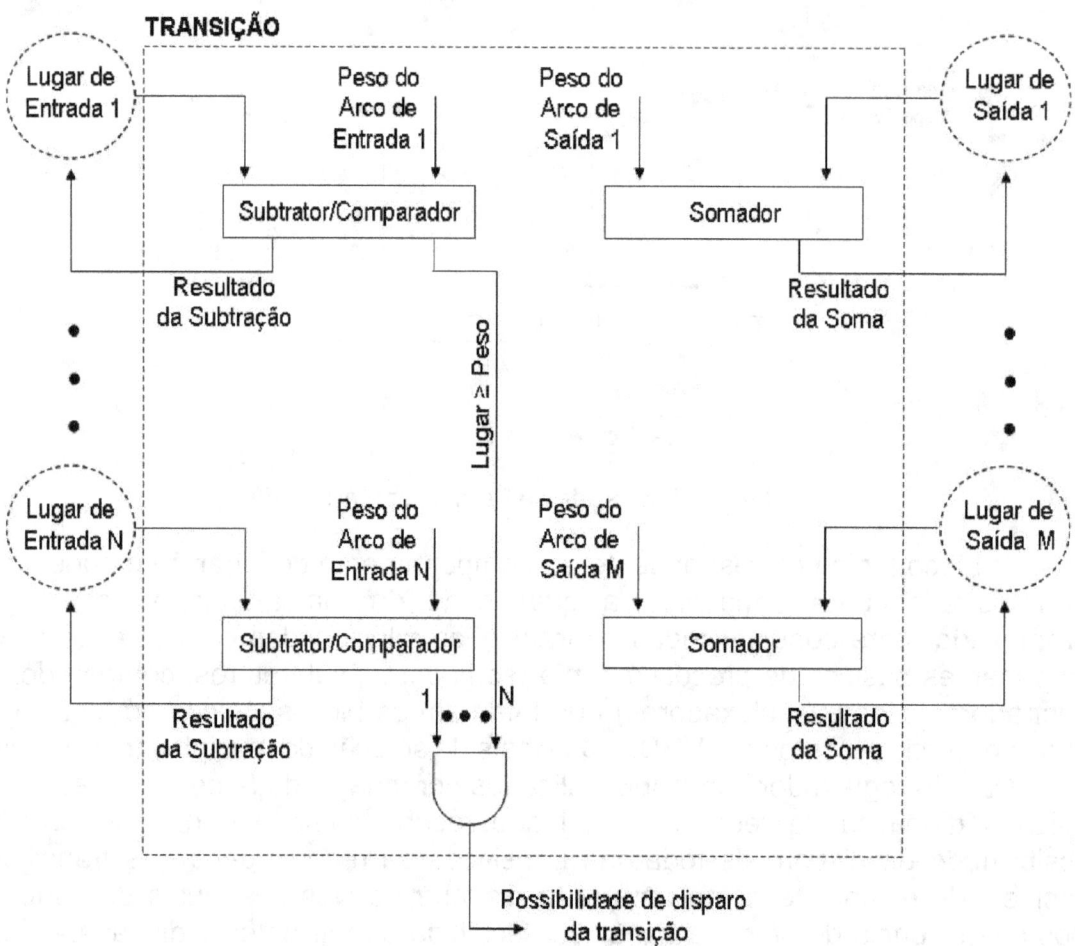

Figura 7.5a. Módulo da transição

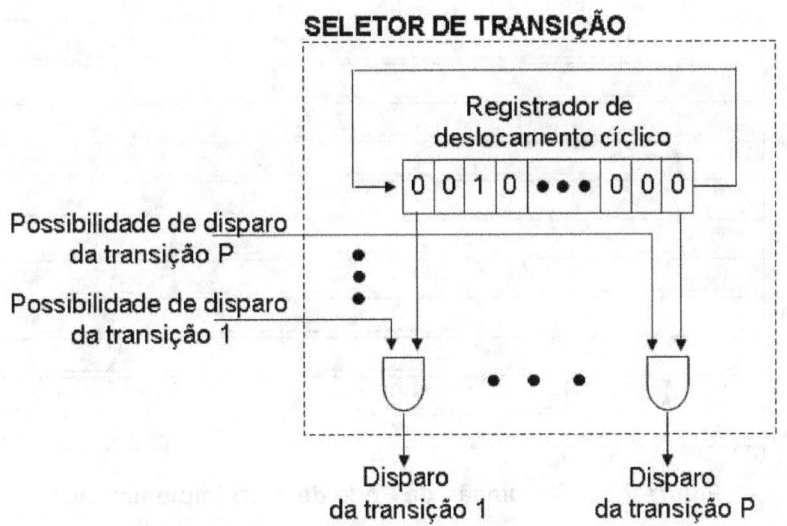

Figura 7.5b. Seletor de transição do Achilles

Utilizando o *software* Quartus descreveu-se, neste trabalho, a estrutura da Rede de Petri da figura 10.4 juntamente com o bloco de controle, responsável pela dinâmica da rede. A estrutura da rede e o bloco de controle foram compilados e mapeados no FPGAEPF10K20. Uma vez compilado e mapeado, o sistema pôde ser testado com o auxílio do editor de ondas do Quartus. Na Figura 7.5c, apresentam-se os resultados obtidos no processo de simulação da rede implementada. Na primeira subida do *clock*, quando o sinal *inicio* estava no nível lógico "1", o sistema armazenou a marcação inicial nos registradores correspondentes aos lugares da rede. Na segunda subida do *clock*, a transição *t1* disparou e a marcação da rede passou a ser [0 1 5 1 2], onde a primeira posição do vetor indica o lugar *máquina disponível*, a segunda posição *máquina processando*, a terceira *estoque de peças*, a quarta *recurso 1* e a quinta e última *recurso 2*. Na terceira subida do *clock*, a transição *t2* disparou e a marcação passou a ser [1 0 6 3 5]. Após os disparos de *t1* e *t2* a marcação passou a ser [1 0 7 3 5].

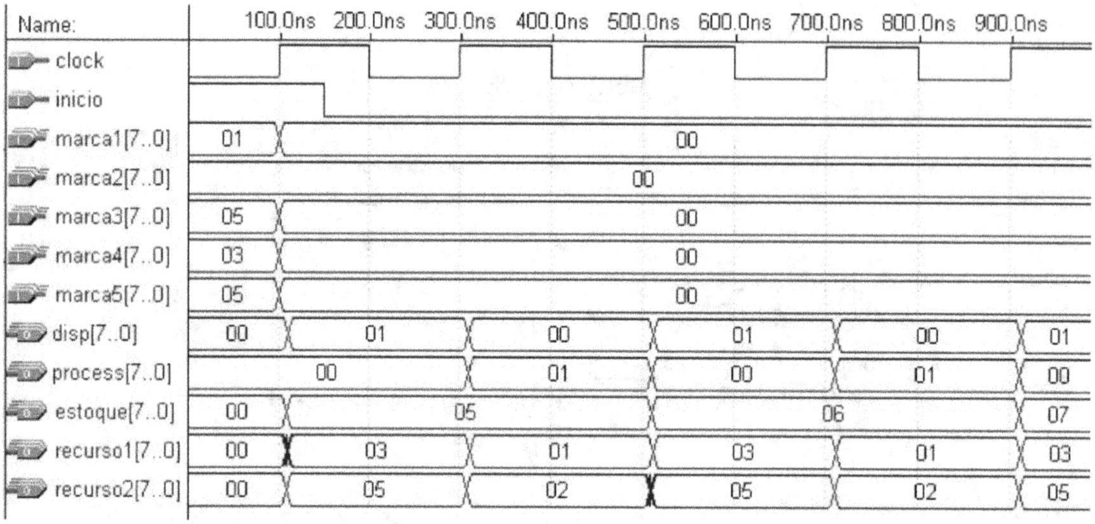

Name:	100.0ns	200.0ns	300.0ns	400.0ns	500.0ns	600.0ns	700.0ns	800.0ns	900.0ns
clock									
inicio									
marca1[7..0]	01				00				
marca2[7..0]					00				
marca3[7..0]	05				00				
marca4[7..0]	03				00				
marca5[7..0]	05				00				
disp[7..0]	00	01		00		01		00	01
process[7..0]	00			01		00		01	00
estoque[7..0]	00		05				06		07
recurso1[7..0]	00	03		01		03		01	03
recurso2[7..0]	00	05		02		05		02	05

Figura 7.5c. Simulação da Rede de Petri implementada

7.6. O SELETOR DE TRANSIÇÃO

Uma desvantagem de se utilizar o seletor de transição mostrado na Figura 7.6 é a quantidade de ciclos de relógio que pode ser necessário para encontrar uma transição habilitada. Imagine-se que, na figura 7.6a, a única transição habilitada seja a transição p, mas o registrador de deslocamento cíclico tenha o valor lógico "1" apenas no primeiro bit. Assim, para disparar a transição p, o seletor de transição deverá utilizar p ciclos de relógio até que o nível lógico alto "1" seja levado a última posição do registrador de deslocamento, o que só então, permitiria o disparo da transição. Em [12] e [11] foi proposta uma outra implementação em *hardware* de um seletor. Nesta proposta o seletor é capaz de escolher aleatoriamente uma transição a ser disparada. Os blocos básicos definidos em [10] e [11] são:

- **lugar:** este bloco, figura 10.8, é responsável pela implementação de um lugar da Rede de Petri. O barramento *Saída* indica os arcos que ligam os lugares às transições. O barramento *Incrementa* indica os arcos que ligam as transições aos lugares, e o barramento *Decrementa* sinaliza que uma marca deve ser retirada de um determinado lugar. Na Fig.7.6b, o número de marcas é armazenado no contador. O sinal *Saída* terá valor lógico "1" se o conteúdo do contador for maior ou igual a 1, ou seja, se houver marcas no respectivo lugar.

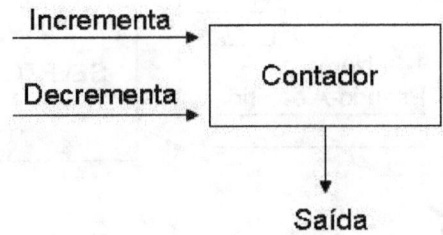

Figura 7.6b. Lógica do lugar

- **transição:** este bloco, por meio de operações booleanas AND e OR, como mostrado no exemplo da Figura 7.6c, realiza a remoção e a criação de marcas. As conexões entre os lugares e as transições dependem da estrutura da Rede de Petri e são gerados de acordo com a matriz de incidência.

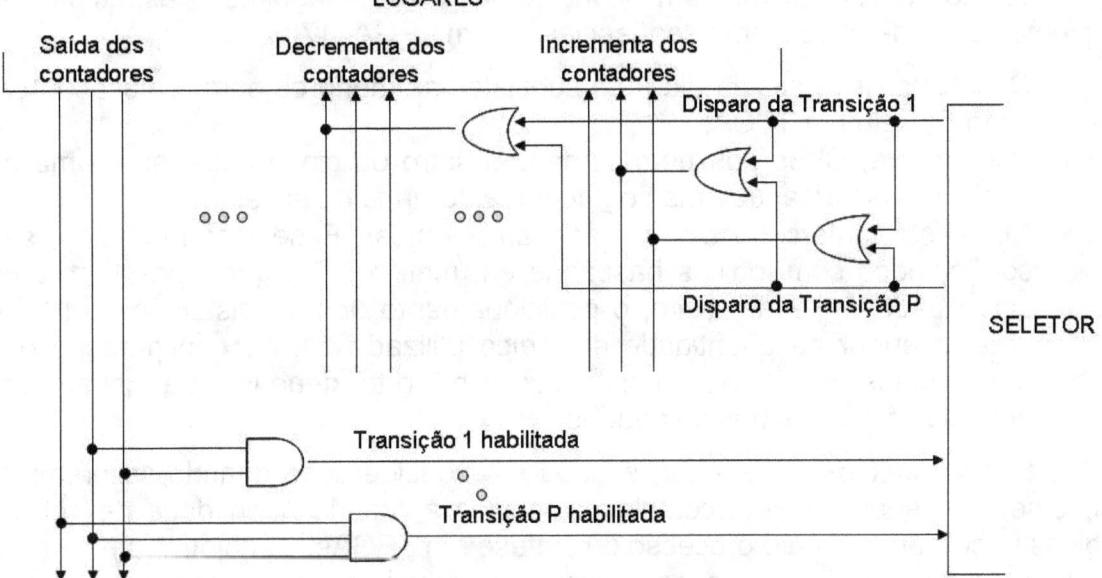

Figura 7.6c. Lógica da transição

- **seletor pseudo-aleatório:** este bloco escolhe uma transição para ser disparada entre as transições habilitadas. O bloco possui um gerador linear de números pseudo-aleatórios do tipo *linear feedback shift register*, como esquematizado na Fig. 7.6d. Como entrada, o seletor recebe um vetor contendo todas as transições habilitadas.

Figura 7.6d. Diagrama de blocos do seletor

7.7. UTILIZAÇÃO DE RECURSOS NUM FPGA

É necessário levar em consideração os seguintes aspectos na implementação de um sistema seqüencial em um FPGA [17]:

- O sistema deve ser dividido em subsistemas menores para a alocação em cada CLB de um FPGA;
- Usualmente, CLBs possuem somente quatro ou cinco entradas e uma ou duas saídas, forçando uma segmentação grande do sistema; e
- CLBs são interconectados por barramentos. Esses barramentos são configurados com lógicas baseadas em matrizes, as quais possuem uma capacidade limitada. Assim, o posicionamento dos subsistemas no FPGA pode interferir na quantidade de lógica utilizada para a configuração dos barramentos, ou seja, subsistemas com forte dependência devem ser alocados próximos uns dos outros.

Estes aspectos devem ser levados em consideração quando se pretende implementar Redes de Petri complexas, devido à grande quantidade de células lógicas necessárias para o processo de síntese em FPGAs. O objetivo é encontrar um método capaz de integrar o maior número possível dos elementos de uma Rede de Petri em FPGA. Em [18] e [17] foi proposta uma solução, que consiste em implementar o sistema usando blocos especiais compostos de um lugar e uma transição, como mostrado no exemplo da Figura 7.7a.

Nesta implementação, todo CLB é composto de um lugar conectado a uma transição. O lugar pode ser ativado, isto é, permitir o armazenamento de uma marca, por meio de sinais de entrada provenientes de outras transições, e desativado por meio de entradas de *reset* ou da própria transição integrante do CLB. A transição será ativada, ou seja, disparada, quando o lugar precedente estiver ativo e as entradas da transição possuírem valores apropriados. Todos os blocos possuem apenas duas saídas, um bit de estado correspondente ao lugar e um bit para a transição. Na Figura 7.7b apresenta-se o esquema lógico dessa forma de implementação de Redes de Petri elementares em *hardware*. São utilizados dois *flip-flops*, um para armazenar a presença ou ausência de uma marca no lugar e outro utilizado para indicar o disparo da transição. O lugar e a transição são interconectados por dois sinais. Tais sinais nem sempre precisam ser conectados a blocos exteriores. Com isso, pode-se reduzir a quantidade de lógica de conexão em um FPGA.

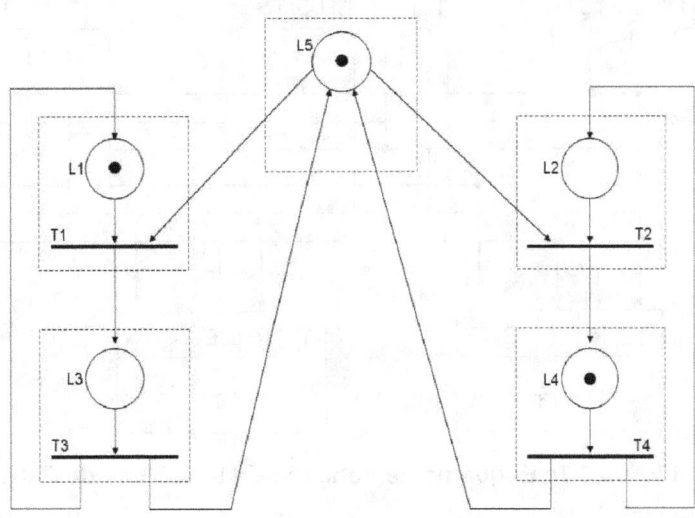

Figura 7.7a. Exemplo de Rede de Petri particionada em blocos de um lugar e uma transição

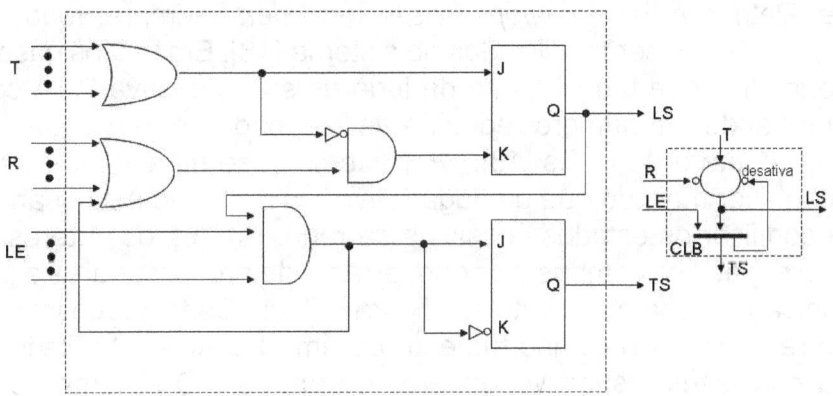

Figura 7.7b. Descrição dos blocos de implementação. Legenda: *T conjunto de bits de entrada conectado a outras transições e que podem ativar o lugar; R vetor de sinais capaz de desativar o lugar; LE sinais provenientes de outros lugares e de outros sinais de entrada, que permitem a ativação da transição; LS lugar de saída; e TS transição de saída.*

Com a utilização dessa metodologia, podem-se utilizar os blocos lógicos descritos para a implementação de lugares e de transições da Rede de Petri, como um conjunto de objetos parametrizados em VHDL. Assim, a implementação da Rede de Petri em FPGA refere-se à interconexão dos modelos obtidos em VHDL.

Como exemplo de interconexão [17], apresenta-se, na Figura 7.13, a implementação da Rede de Petri da Figura 7.7c, onde cada bloco lógico pode ser mapeado em um CLB de um FPGA.

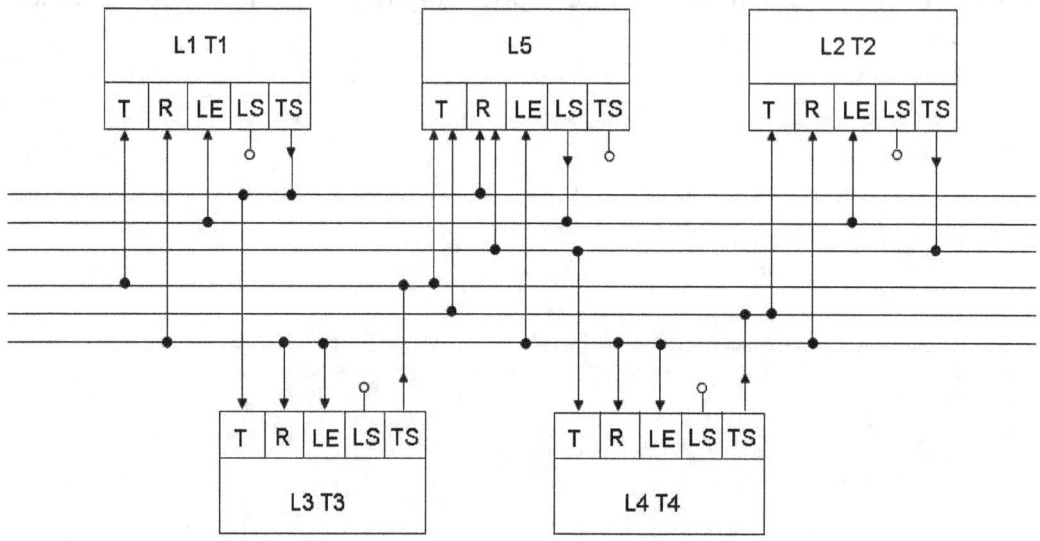

Figura 7.7c Esquema de conexão de uma Rede de Petri

7.8. OUTRAS IMPLEMENTAÇÕES

Para obter um projeto compacto, não se pode associar para cada lugar da Rede de Petri um bit (*flip-flop*), visto que nem sempre todas as possíveis combinações de bits serão utilizadas no sistema [18]. Em muitos casos, se um lugar é ativado implica que um conjunto de lugares será desativado. A codificação dos lugares utilizando um número reduzido de bits pode ser uma boa solução para a redução do número de CLBs [18]. Por exemplo, se uma Rede de Petri com seis lugares não tiver mais do que um lugar ativo, então serão necessários apenas três bits para codificar os estados possíveis da rede. Em [6], os autores propõem uma arquitetura específica composta por um arranjo de processadores e por um sistema de comunicação, como descrito na figura 10.14. Cada processador da figura é capaz de representar o comportamento de uma transição da Rede de Petri a ser mapeada e os seus respectivos lugares de entrada. O sistema de comunicação, composto por um arranjo de roteadores, é responsável pelo transporte de pacotes de dados, gerados pelos processadores quando do disparo de uma transição. Por fim, como descrito nas seções anteriores, existem esforços no sentido de se implementar em *hardware* a estrutura da Rede de Petri para a realização de análises do sistema modelado. Assim, a implementação pode ser considerada como um acelerador de *hardware* para se conseguir, em menor tempo, uma análise sobre a Rede de Petri especificada e, por consequência, uma análise do sistema modelado. Em [5] descreve-se uma implementação de Redes de Petri em *hardware* para a geração de grafos de estados. Em [3] propôs-se uma arquitetura na qual um co-processador integrado com um ambiente de trabalho é utilizado para acelerar a execução de simulações de Redes de Petri por meio de um mapeamento da Rede de Petri em blocos lógicos pré-definidos, como explicado nas seções anteriores.

7.9. CONSIDERAÇÕES FINAIS

Este capítulo apresentou algumas técnicas de implementação física de um sistema descrito em Redes de Petri, como o controlador definido por meio de tabelas que armazenam a estrutura da Rede bem como a arquitetura Achilles, capaz de implementar modelos de Redes de Petri com grandes quantidades de elementos (transições e lugares) através de uma estrutura que permite adicionar vários FPGAs em pilhas. Para se conseguir incluir um maior número de lugares e transições de uma Rede de Petri num FPGA, blocos lógicos contendo cada um deles apenas um lugar e uma transição podem ser usados. Como exemplo prático de síntese de uma Rede de Petri em um FPGA foi utilizado o *software* Quartus para sintetizar os blocos lógicos de lugares, transições e da dinâmica da rede. O processo de simulação mostrou que o circuito implementado se comportou de acordo com a Rede de Petri inicialmente especificada.

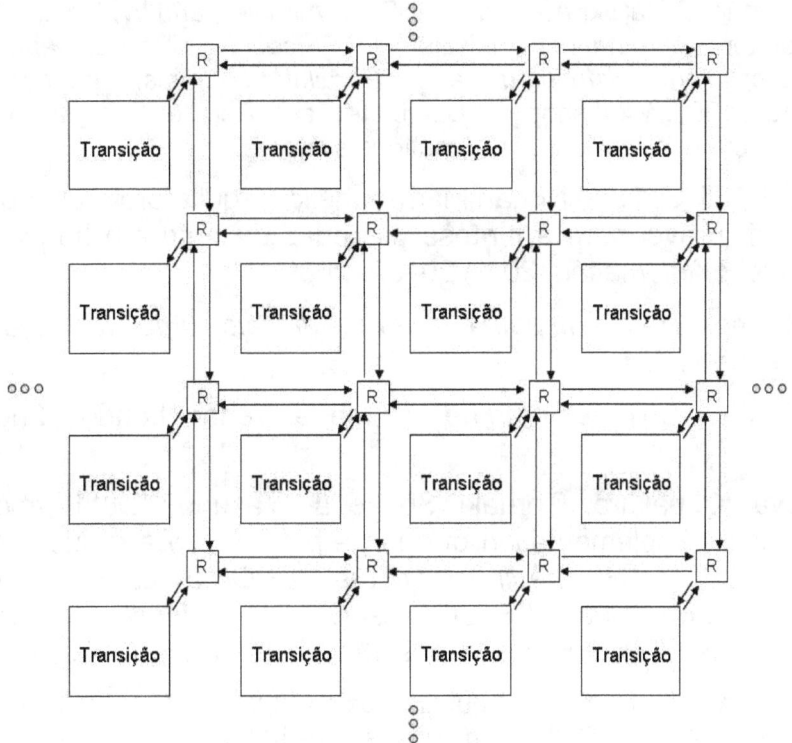

Figura 7.9. Arquitetura específica contendo um arranjo de processadores (Transição) e um arranjo de roteadores (R)

REFERÊNCIAS

[1] Altera Corporation. *Intel © Quartus © Prime Standard Edition Handbook 1 2 3*, 2017.

[2] Fumihiko Anzai, Noriaki Kawahara, Takanori Takei, Tetsuhito Watanabe, Hideki Murakoshi, Tatsumasa Kondo, and Yasunori Dohi. Hardware implementation of a multiprocessor system controlled by petri nets. In *Proceedings of IECON '93 - 19th Annual Conference of IEEE Industrial Electronics*, pages 121–126 vol.1, Nov 1993.

[3] Gary Bundell. An fpga implementation of the petri net firing algorithm. In N. Shardaand A. Tam, editors, *Proceedings of Part'97: The 4th Australasian Conference on Parallel and Real-Time Systems*, volume 1, pages 434–445, Netherlands, 1997.Springer.

[4] Naehyuck Chang, Wook Hyun Kwon, and Jaehyun Park. Fpga-base implementation of synchronous petri nets. In *Proceedings of the 1996 IEEE IECON. 22nd International Conference on Industrial Electronics, Control, and Instrumentation*, volume 1, pages 469–474 vol.1, Aug 1996.

[5] Gy. Csertán, I. Majzik, A. Pataricza, S. C. Allmaier, and W. Hohl. Hardware accelerators for petri net analysis. In *Proceedings of Austrian-Hungarian Workshop on Distributed and Parallel Systems,* pages 99–104, Budapest,1997. Workshop on Distributed and Parallel Systems, Institut fur ungewandte Informatik und Informations systeme.

[6] Tiago de Oliveira and Norian Marranghello. Arquitetura multiprocessada e reconfigurável para a síntese de redes de petri em hardware. *Sba Controle & Automação*, 20(1):20–30, 2009.

[7] Luís Gomes. *Redes de petri e sistemas digitais: uma introdução*. FCT, Lisboa, 1999.

[8] Kurt Jensen. *Coloured petri nets*. Springer-Verlag, London, 2nd edition, 1997.

[9] Tatsuya Kamakura, Teruaki Shimoda, Yasunori Dohi, and Hideki Murakoshi. Implementation of a large petri net by a group of petri net controller. In *Proceedings of the IECON'97 23rd International Conference on Industrial Electronics, Control, and Instrumentation* (Cat. No.97CH36066), volume 3, pages 1210–1215 vol.3, Nov1997.

[10] Hana Kubátová. Petri net simulation using fpga. In *Proceedings of XXIIIrd International Autumn Colloquium*, pages 129–134, Ostrava, 2001. International Autumn Colloquium, MARQ.

[11] Hana Kubátová. Direct hardware implementation of petri net-based model. In *Proceedings of the Work in Progress Session of EUROMICRO 2003*, pages 56–57, Canberra, 2003. New Waves in System Architecture, IEEE Computer Society Press.

[12] Hana Kubátová. Petri net models in hardware. *ECMS 2003*, 1(4):158–162, 2003.

[13] Marco Ajmone Marsan. Stochastic petri nets: An elementary introduction. In Grzegorz Rozenberg, editor, *Advances in Petri Nets 1989*, pages 1–29, Berlin, Heidelberg, 1990. Springer Berlin Heidelberg.

[14] John Morris, Gary A. Bundell, and Sonny Tham. A scalable reconfigurable processor. In *Proceedings of the 5th Australasian Computer Architecture Conference*, ACAC '00, pages 64–, Washington, DC, USA, 2000. IEEE Computer Society.

[15] Wolfgang Reisig. *A primer in Petri net design*. Springer-Verlag, Secaucus, 1992.

[16] Patrik Rokyta, Wolfgang Fengler, and Thorsten Hummel. Electronic system design automation using high level petri nets. In Alex Yakovlev, Luis Gomes, and Luciano Lavagno, editors, *Hardware Design and Petri Nets*, pages 193–204. Springer US, Boston, MA, 2000.

[17] Enrique Soto and Miguel Pereira. Implementing a petri net specification in a fpga using vhdl. In *Proceedings of the International Workshop on Discrete-Event System Design*, pages 180–185, Zielona Gora, 2001. International Workshop on Discrete-Event System Design, Oficyna Wydaw.

[18] Enrique Soto and Miguel Pereira. Implementing a petri net specification in a fpga using vhdl. In Marian Andrzej Adamski, Andrei Karatkevich, and Marek Wegrzyn, editors, *Design of embedded control systems*, pages 167–174. Springer, New York, 2005.

[19] Jiacun Wang. *Timed Petri nets*. The Kluwer international series on discrete event dynamic systems. Kluwer Academic, Boston, 1998.

Capítulo

8

Revisão Sistemática e Metanálise

Camila Bertini Martins
Escola Paulista de Medicina (EPM), Universidade Federal de São Paulo - Unifesp

Flávia Cristina Martins Queiroz Mariano
Catarina Fernandes Pröglhöf
Rafael Slavov
Instituto de Ciência e Tecnologia (ICT), Universidade Federal de São Paulo - Unifesp

Abstract

This chapter is to present some concepts and considerations necessary to the understand and development of a meta-analysis. Some historical aspects and up to including impasses related to their use will be approached, elucidating the usual models for measures of effect and highlighting methods that incorporate the variability between the studies. However, this study also alerts to the relevance to previously conduct a systematic review of the literature. At the end of this chapter, the reader can define a metanalytic measure to be considered in the development of the meta-analysis in his research study. Additionally, the reader should also be capable of analyzing and incorporate variability between the selected studies in a systematic review to obtain consistent and valuable information.

Resumo

O objetivo deste capítulo é apresentar alguns conceitos e considerações necessárias ao entendimento e desenvolvimento de uma metanálise. Serão abordados desde aspectos históricos até impasses relacionados à sua utilização, elucidando os modelos usuais para medidas de efeito e salientando métodos que incorporam a variabilidade entre os estudos. Dessa forma, um aspecto importante a ser abordado e que deve ser previamente seguido é a condução de uma revisão sistemática da literatura. Espera-se que, ao final deste capítulo, o leitor saiba definir uma medida metanalítica a ser considerada no desenvolvimento de uma metanálise no tema de pesquisa de seu interesse, visando a obtenção de informações consistentes e valiosas. Assim como, conseguir analisar e incorporar a variabilidade entre os estudos selecionados em uma revisão sistemática.

8.1. INTRODUÇÃO

O aumento da produção cientifica e da disponibilização de informações dificulta a atualização, em tempo hábil, de pesquisadores e profissionais de todas as áreas de conhecimento; a fim de avaliar todas as evidências disponíveis e incorporá-las às suas decisões. Neste cenário, nota-se importante crescimento do uso das técnicas de Revisão Sistemática (RS) e de Metanálise, ferramentas fundamentais para obtenção de informações consistentes e fidedignas.

A RS objetiva responder uma pergunta específica através de busca metódica e avaliação crítica e rigorosa das evidências disponíveis já publicadas [1]. Os resultados provenientes dos estudos individuais obtidos na RS podem ou não ser quantitativamente combinados por métodos estatísticos, que são chamados de técnicas de Metanálise [2]. A Metanálise é uma das principais técnicas estatísticas de combinação de informações científicas sobre um mesmo assunto. O modo convencional de se fazer uma Metanálise é considerar apenas os resultados de cada estudo, e então, combiná-los por meio de uma média ponderada [3, 4]. Quando se acrescenta o termo caso a caso à Metanálise, significa que os dados originais de cada unidade amostral de cada estudo estão incluídos na análise.

A escolha do modelo estatístico tem importante papel nos métodos de Metanálise, podendo afetar significativamente as conclusões [5]. Um dos problemas usuais em Metanálise é a heterogeneidade entre os estudos e o principal desafio é incorporá-la à análise estatística. Os modelos estatísticos que incorporam o componente de variabilidade entre os estudos são amplamente discutidos, tanto na teoria clássica como na bayesiana. Além da importância do estudo das diferentes metodologias estatísticas em Metanálise, há a necessidade de desenvolvimento de ferramentas computacionais amigáveis que permitam a obtenção de resultados de forma rápida e confiável.

Este Capítulo apresenta um breve resumo sobre o assunto, explicando as origens, as motivações, os conceitos teóricos e as ferramentas práticas para se realizar uma Metanálise. Este trabalho não pretende ser um estudo exaustivo e também não é o primeiro que apresenta um relato sobre RS e Metanálise. O foco deste trabalho é destacar a importância de se investir em uma RS para a pesquisa científica, na exploração de métodos estatísticos adequados para a realização de uma Metanálise, bem como no desenvolvimento de ferramentas computacionais amigáveis. Vale ressaltar que os modelos estatísticos descritos neste Capítulo são comumente utilizados e possuem grande aplicabilidade, especialmente, nas áreas médica e biológica.

8.2. REVISÃO SISTEMÁTICA

RS é um tipo de investigação científica que sintetiza de maneira crítica e rigorosa as evidências disponíveis para responder uma questão bem definida [6]. Trata-se de um método extensivo de revisão da literatura, que busca, qualifica e resume as informações disponíveis com imparcialidade e reprodutibilidade [7].

RS é um tipo de investigação científica que sintetiza de maneira crítica e rigorosa as evidências disponíveis para responder uma questão bem definida [6]. Trata-se de um método extensivo de revisão da literatura, que busca, qualifica e resume as informações disponíveis com imparcialidade e reprodutibilidade [7].

A RS é um estudo secundário, cuja fonte de dados são os estudos primários; ou seja, artigos científicos originais já publicados. Assim, para eliminar possíveis vieses em sua elaboração, é necessário seguir um protocolo de busca, seleção e avaliação dos estudos em questão [8]. O protocolo utilizado na RS deve conter, no mínimo [1, 9, 10, 11]:

- Questões de pesquisa;
- Critérios de inclusão;
- Critérios de exclusão;
- Base de dados para pesquisa;
- *String* de busca;
- Critério para seleção de estudos primários;
- Critério de avaliação da qualidade dos dados encontrados;
- Critério para extração de dados;
- Critério para análise dos dados;
- Sintetização e interpretação dos resultados.

No desenvolvimento de uma RS, o primeiro passo é a formulação correta da(s) pergunta(s) de pesquisa, que são fundamentais para guiar o pesquisador e enriquecer seu trabalho. O segundo passo é definir quais são os critérios de inclusão e exclusão que devem ser seguidos na busca de trabalhos científicos. Esses critérios são essenciais para restringir a busca, caso contrário, há a possibilidade de obter artigos que não estão relacionados ao assunto ou de não conseguir encontrar os artigos principais que poderiam contribuir para o estudo em questão. Com as perguntas e os critérios estabelecidos, é necessário definir em quais bases científicas a busca será realizada. A quantidade de bases a serem utilizadas não segue uma regra específica, porém recomenda-se utilizar bases com contextos próximos ao das perguntas de pesquisa. Em seguida, define-se a string de busca, ou seja, as palavras que serão utilizadas na procura das bases selecionadas. Contudo, é importante verificar em cada base, quais são os filtros disponíveis para a pesquisa e como utilizá-los.

A partir da busca, podem ser encontradas centenas de trabalhos e, então, faz-se necessário aplicar algum critério para identificar quais estudos primários são efetivamente relevantes para a pesquisa. Posteriormente, deve-se analisar se estes estudos selecionados são artigos primários relevantes ao objetivo de pesquisa. Então, após a definição de quais artigos científicos encontrados na literatura serão de fato considerados na RS, deve-se realizar a extração dos dados dos mesmos para posterior análise.

A síntese dos dados obtidos pode ser de forma qualitativa, quando as informações não podem ser mensuradas, porém classificadas de acordo com os critérios previamente definidos, ou de forma quantitativa, através de uma Metanálise. Por fim, a partir da análise destes dados, busca-se responder às questões de pesquisa.

As principais etapas de elaboração de uma RS encontram-se resumido no fluxograma, Figura As principais etapas de elaboração de uma RS encontram-se resumido no fluxograma, Fig. 8.2.

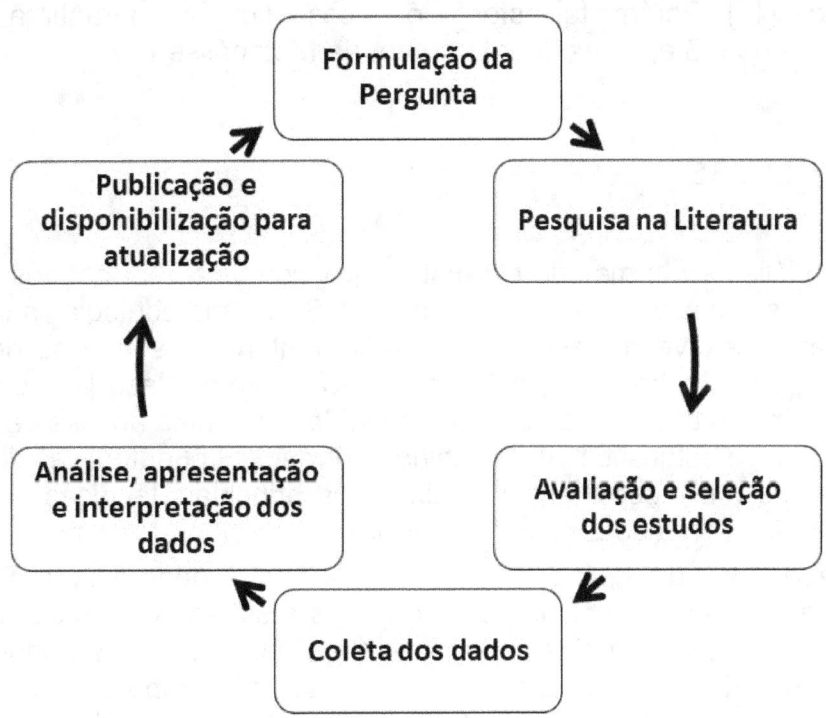

Figura 8.2: Mecanismo de elaboração de uma RS. Adaptado de [1].

A condução de uma RS pode apresentar alto grau de complexidade quando não estruturada de forma adequada. Portanto, é de suma importância elucidar com clareza a pergunta de pesquisa. Budgen e Brereton [9] sugerem que a RS seja dividida em três etapas: Planejamento (incluindo a criação de um protocolo de revisão), Execução (incluindo a execução do protocolo criado) e Documentação (onde todas as informações obtidas devem ser registradas e analisadas).

As razões e vantagens de realizar uma RS são várias e enumera-se algumas a seguir [12]:

- Proporciona um método eficiente para busca de informações em uma grande massa de dados;
- Evita retrabalho pelo fato de ser reproduzível;
- Confere rapidez para atualização;
- Sintetiza as informações;
- Explica as diferenças entre os estudos e evita controvérsias;
- Garante economia em recursos de pesquisa.

Todavia, existem algumas desvantagens como, por exemplo, o custo de tempo (no mínimo três meses), o esforço intelectual e a necessidade de uma equipe envolvida, haja visto que são necessários, no mínimo, dois profissionais para avaliar os trabalhos [12]. Porém, tal esforço é necessário para garantir a qualidade e confiabilidade da RS e, consequentemente, da Metanálise.

8.3. METANÁLISE

Metanálise é um método estatístico que combina informações quantitativas de fontes distintas e selecionadas pela RS. A metodologia para combinar quantitativamente diversos estudos de mesmo interesse surgiu na década de 30 com Fisher [13], Cochran [14] e Pearson [15]; porém Glass [16] em 1976 foi o primeiro a utilizar o termo Metanálise ao defini-la como uma análise de análises. Ou seja, metodologia estatística que combina informações quantitativas disponíveis na literatura sobre um mesmo assunto; uma das principais técnicas estatísticas de combinação de informações científicas sobre um mesmo problema.

A maneira usual de se fazer Metanálise, a qual é denominada de Metanálise Baseada na Literatura, é considerar apenas os resultados (medidas de efeito) de cada estudo, e então, combiná-los através do cálculo da média ponderada destas medidas. No entanto, este tipo de Metanálise, por trabalhar apenas com os resultados dos estudos, pode nos levar a conclusões viesadas e muitas vezes equivocadas [17]. Como uma alternativa à Metanálise Baseada na Literatura tem-se a Metanálise Caso a Caso, a qual trabalha com os dados originais de cada estudo elegível; sendo, portanto, o padrão ouro de Metanálise. E, evidentemente, este tipo de Metanálise deveria ser utilizado em todas as situações. Entretanto, na maioria das vezes, não se tem acesso aos dados originais dos estudos em questão por motivos simples, como falta de parceria ou perda de dados, impossibilitando o uso desta técnica [1].

O método estatístico escolhido para realização de uma Metanálise tem importante papel, pois pode influenciar as conclusões e decisões [5]. Um dos problemas usuais em Metanálise é a heterogeneidade entre os estudos e o principal desafio é incorporá-la à análise estatística. Tanto na teoria clássica quanto na bayesiana, os modelos estatísticos que incorporam o componente de variabilidade entre os estudos são amplamente discutidos. Na teoria clássica, os principais métodos utilizados na combinação das medidas de efeito de cada estudo pertencente a Metanálise são os modelos de efeitos fixos e aleatórios [3, 4]. O modelo de mistura finita, também, vem sendo empregado para analisar a heterogeneidade existente entre os estudos [18]; assim como a técnica de componentes principais [19] e modelos de redes neurais artificiais [20]. E, na teoria bayesiana, o modelo comumente considerado para descrever e explicar a heterogeneidade existente entre os estudos individuais é o hierárquico [21]. Entretanto, vários autores vêm discutindo a respeito de outras metodologias bayesianas em Metanálise. Bueno et al. [22] abordaram o modelo de mistura sob a perspectiva bayesiana a partir da análise de dados de três populações de roedores do Estado de Santa Catarina, Brasil. E, Martins et al. [23] propuseram uma medida metanalítica geral, também baseada na mistura de distribuições a posteriori do parâmetro de interesse. Neste Capítulo, será dado destaque à Metanálise Baseada na Literatura, a qual leva em consideração apenas as medidas de efeito dos estudos primários. Este tipo de Metanálise é a mais utilizada visto que a obtenção dos dados originais de cada artigo analisado nem sempre é obtido com facilidade. Para a realização de uma Metanálise, o ponto inicial é identificar o tipo de dados da variável de interesse (desfecho). A variável resposta pode ser qualitativa ou quantitativa e, para cada tipo de variável pode-se calcular diferentes medidas de efeito. Tais como, odds ratio, diferença entre riscos, risco relativo, proporção, diferença absoluta entre médias, diferença entre médias padronizadas, coeficiente de correlação, entre outras.

Em Metanálise, usa-se essencialmente dois modelos de regressão: os modelos de efeitos fixos e os de efeitos aleatórios. Os modelos de efeitos fixos assumem que os estudos são homogêneos, isto é, que qualquer variabilidade entre os efeitos estimados é devido à variabilidade amostral interna de cada um dos estudos. Este pressuposto é geralmente verificado pelo teste Q de Cochran [24] e estatística I^2 [25]. Já os modelos de efeito aleatório, assumem que os estudos são heterogêneos, ou seja, que há alguma variação entre os estudos devido à alguma diferença. A seguir serão revisados estes modelos estatísticos, que são os mais usuais em Metanálise, na área da saúde. Entretanto, vale ressaltar que existem outras metodologias, inclusive mais sofisticadas, para esse tipo de análise.

8.3.1. Modelos de Efeitos Fixos

Os modelos de efeito fixo consideram que os estudos utilizados na Metanálise são assumidos homogêneos. Sendo assim, considere uma Metanálise com J estudos, seja Y_j a medida de efeito do j-ésimo estudo e θ_M a medida de efeito metanalítica ($j = 1,2, \ldots, J$). O modelo de efeito fixo é dado por:

$$Y_j = \theta_M + \varepsilon_j, \qquad (1)$$

em que ε_j é o erro aleatório do j-ésimo estudo, $\varepsilon_j \sim N(0, \tilde{\sigma}_j^2)$ e $\tilde{\sigma}_j^2$ conhecidas. O estimador da medida metanalítica θ_M é obtido via método de Máxima Verossimilhança. Tal estimador consiste na média ponderada pelo inverso da variância das medidas de efeito de cada estudo e, é dado por [26]:

$$\hat{\theta}_{EF} = \frac{\sum_{j=1}^{J} w_j y_j}{\sum_{j=1}^{J} w_j}, \qquad (2)$$

em que $w_j = \frac{1}{\tilde{\sigma}_j^2}$, isto é, o peso w_j do j-ésimo estudo é o inverso da variância da medida de efeito do respectivo estudo. Sob suposição de normalidade assintótica tem-se que $\hat{\theta}_{EF} \sim N\left(\theta_M, \left(\sum_{j=1}^{J} \frac{1}{\tilde{\sigma}_j^2}\right)^{-1}\right)$ [26].

8.3.2. Modelos de Efeitos Aleatórios

Os modelos de efeitos aleatórios consideram que os estudos envolvidos na Metanálise são não-homogêneos e, por isso, o modelo incorpora uma medida de variabilidade dos efeitos entre os diferentes estudos, ζ_j. Assim, este modelo pode ser escrito da seguinte forma

$$Y_j = \theta_M + \zeta_j + \varepsilon_j, \qquad (3)$$

para $j = 1,2, \ldots, J$. Considera-se que $\zeta_j \sim N(0, \tau^2)$ e $\varepsilon_j \sim N(0, \tilde{\sigma}_j^2)$ são independentes entre si. Logo, $Y_j \sim N(\theta_M, \tau^2 + \tilde{\sigma}_j^2)$, em que τ^2 é o parâmetro que representa a variabilidade entre os estudos e quantifica a heterogeneidade entre os estudos pertencentes a Metanálise. Assim, como no modelo de efeitos fixos, o estimador da medida metanalítica θ_M é obtido via método de Máxima Verossimilhança [26]:

$$\hat{\theta}_{EA} = \frac{\sum_{j=1}^{J} \frac{y_j}{\hat{\tau}^2 + \tilde{\sigma}_j^2}}{\sum_{j=1}^{J} \frac{1}{\hat{\tau}^2 + \tilde{\sigma}_j^2}}, \qquad (4)$$

em que $\hat{\tau}^2$ também é estimado pelo mesmo método. A estimativa pontual para a medida metanalítica também é uma média ponderada pelo inverso da soma das variâncias dentro e entre os estudos. E, sob a suposição de normalidade assintótica [26], $\hat{\theta}_{EA} \sim N\left(\theta_M, \left(\sum_{j=1}^{J} \frac{1}{\hat{\tau}^2 + \hat{\sigma}_j^2}\right)^{-1}\right)$.

8.3.3. Representação Gráfica

Uma forma de representar graficamente as medidas de efeito analisadas e os resultados obtidos na Metanálise é por meio de um forest plot. Este gráfico, amplamente utilizado na área da saúde, exibe informações individuais dos estudos incluídos na Metanálise, como estimativas de efeito e intervalos de confiança; além da estimativa da medida metanalítica e respectivo intervalo de confiança [27].

Por exemplo, considere a Metanálise desenvolvida por Castro-de-Araújo e colaboradores [28] sobre a prevalência de sintomas depressivos clinicamente significativos (SDCS) em idosos brasileiros assistidos ou hospitalizados em unidades de saúde. A Figura 8.3.3 sumariza os resultados obtidos na RS e Metanálise, tendo como desfecho a prevalência de depressão.

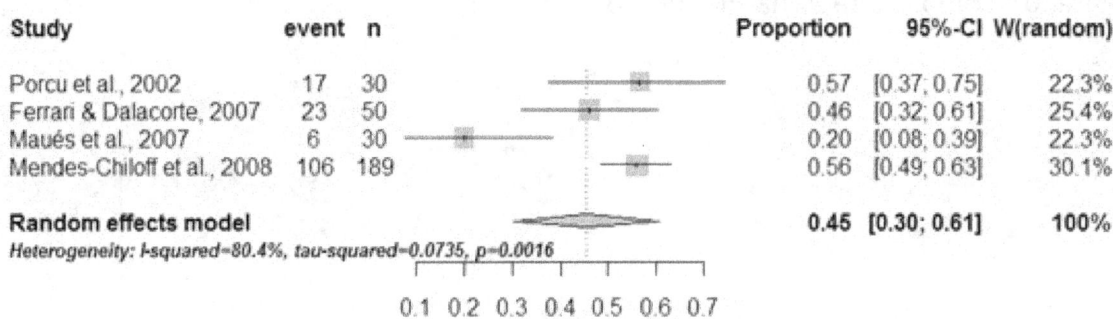

Figura 8.3.3: Forest plot para a prevalência de SDCS entre idosos internados. Dados provenientes de [28].

À esquerda da Figura 8.3.3, são listados os estudos pertencentes à Metanálise (coluna "*Study*"), o número de idosos com depressão internados (coluna "*event*") e o tamanho da amostra do respectivo estudo (coluna "n"). Já à direita encontram-se as medidas de efeito (coluna "*Proportion*"), intervalo de 95% de confiança (coluna "95%-CI") e o peso do estudo (coluna "W(*random*)"). As linhas horizontais representam os intervalos de confiança para a medida de efeito (proporção, neste exemplo) estimado em cada estudo. Os quadrados sobre cada linha horizontal representam as medidas de efeito estimadas de cada estudo, sendo o seu volume (tamanho) diretamente proporcional ao respectivo peso de cada estudo.

A medida metanalítica ($\hat{\theta}_{EA} = 0{,}45$) representada pelo centro do diamante na parte inferior do gráfico, corresponde a prevalência combinada de depressão entre idosos internados no Brasil; e as pontas horizontais do diamante representam o respectivo intervalo de confiança. Ainda no *Forest plot* (Figura 8.3.3), à esquerda abaixo do diamante, observa-se o modelo utilizado (no caso, modelo de efeitos aleatórios) e os testes de heterogeneidade entre os estudos. Tal gráfico foi construído utilizando o *software* estatístico R versão 3.6.3.

8.3.4. Viés de Publicação

O viés de publicação decorre do fato de alguns periódicos tenderem a aceitar mais facilmente trabalhos que evidenciam resultados positivos, ameaçando a qualidade e validade da RS e, consequentemente, da Metanálise. Se estudos com resultados negativos não são publicados, estes não serão considerados na RS e na Metanálise e, como consequência, as conclusões terão um viés mais otimista.

O gráfico de funil (*Funnel plot*) é um procedimento utilizado para a detecção de viés de publicação. Este nome deriva do fato de que, quando o viés de publicação é ausente, a disposição dos pontos que representam os estudos de uma RS e Metanálise, aparenta no gráfico de dispersão um funil invertido (base larga e topo estreito), como ilustrado na Figura 8.3.4.

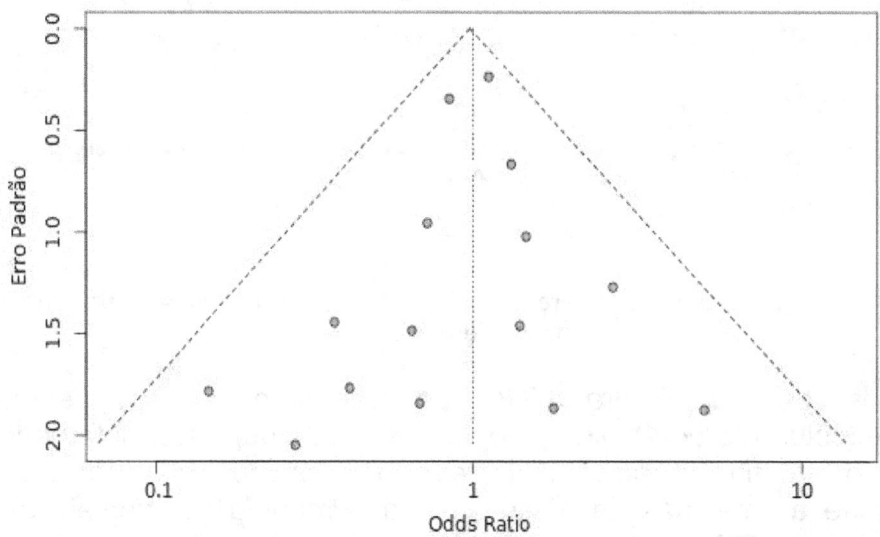

Figura 8.3.4: Exemplo de um gráfico de funil hipotético, com viés ausente.

Este gráfico apresenta no eixo das abscissas as medidas de efeito estimadas para cada um dos estudos elegíveis à Metanálise e, no eixo das ordenadas, alguma medida relacionada ao tamanho do estudo ou à variabilidade de cada estudo [1]. Quando o gráfico apresenta dispersão dos pontos assimétrica, há evidências da presença de viés de publicação na Metanálise. Porém, a heterogeneidade e outros tipos de vieses também podem ser responsáveis pela assimetria na disposição dos pontos no gráfico do funil, além de que algumas medidas de efeito são naturalmente correlacionadas com seus erros padrão, tornando-o um instrumento de caráter subjetivo. Por isso, existem outras maneiras mais formais para dar um diagnóstico mais objetivo sobre o assunto, como por exemplo, os testes de Begg e de Egger, que não serão tratados neste estudo, mas que podem ser encontrados em [29].

8.3.5. Vantagens e desvantagens do uso da Metanálise

A Metanálise permite avaliar criticamente e combinar estatisticamente resultados de estudos de mesmo interesse; apresentando diversas vantagens, entre as quais:

- Oportunidade de conciliar diferenças entre regiões, países e grupos e determinar um efeito médio estimado sobre os estudos;
- A combinação de vários estudos gera uma amostra maior, englobando maiores informações sobre o tema de estudo e, consequentemente, acarretando um resultado mais acurado do que o obtido em estudos individuais;
- Permite a investigação dos efeitos em estudos diferentes para determinar um impacto global de um futuro tratamento;
- Possibilita análise mais objetiva das evidências de utilidade de um tratamento médico, permitindo, por exemplo, a introdução de um tratamento eficiente;
- Aumenta a precisão dos resultados; e
- Avalia as evidências disponíveis, possibilitando a verificação da necessidade de inclusão de mais estudos ou até mesmo da determinação de um ponto ótimo de parada, de forma a obter a máxima generalização do problema em estudo.

No entanto, algumas desvantagens relacionadas à utilização da Metanálise são:

- Existência de correlação entre as estimativas a serem combinadas, por se tratar de estudos sobre um mesmo tema;
- Desconhecimento da população de cada estudo considerado, devido à não identificação e/ou disponibilização das mesmas;
- Complexidade na modelagem da variabilidade existente entre estudos, podendo a mesma ser incorporada na Metanálise por diferentes métodos estatísticos clássicos ou bayesianos; e
- Existência de viés de publicação, seja pela dificuldade de acesso a todos os artigos sobre o assunto ou mesmo devido a resultados de trabalhos que não foram publicados por algum motivo.

O viés de publicação, juntamente com a heterogeneidade dos estudos, pode ser consideradas as principais preocupações em um estudo de Metanálise [30]. Contudo, quanto mais criterioso for o desenvolvimento da RS, menor será o viés de publicação.

8.4. CONSIDERAÇÕES FINAIS

Este Capítulo mostrou a importância da correta condução de uma Metanálise, aliada à RS. Primeiramente, houve uma contextualização do tema, desde seu surgimento, conceito e quais modelos vêm sendo usualmente aplicados, especialmente na área médica. Além disso, foi dado destaque aos pontos que devem ser seguidos para que a RS, a qual antecede a Metanálise, resulte em uma base de dados concisa e informativa sobre o tema de pesquisa em questão.

Por fim, espera-se que o leitor seja capaz de decidir qual o melhor método estatístico a ser utilizado na base de dados proveniente de sua RS, levando em consideração as variáveis existentes. A partir destas análises, será possível ter uma noção clara do atual estado-da-arte do tema de pesquisa considerado e, portanto, os resultados obtidos poderão e deverão ser utilizados para assegurar uma inovação de qualidade, seja na criação ou até mesmo na gestão de novos produtos/serviços.

Para os próximos passos, outros modelos estatísticos a serem considerados na Metanálise devem ser explorados como, por exemplo, modelos de regressão, modelos bayesianos, e uso de inteligência artificial. Além disto, convém salientar a importância da criação de ferramentas amigáveis que permita a obtenção de resultados pelo uso de tais modelos, com rapidez e confiabilidade.

REFERÊNCIAS

[1] J. P. T. Higgins and S. Green (editors). Cochrane Handbook for Systematic Reviews of Interventions. Cochrane, http://handbook.cochrane.org, 2011.
[2] E. Z. Martinez. Metanálise de ensaios clínicos controlados aleatorizados: Aspectos quantitativos. Revista Medicina (Ribeirão Preto), 40(2):223–35, 2007.
[3] N. Mantel and W. Haenszel. Statistical aspects of analysis of data from retrospective studies of disease. J Natl Cancer Inst, 22(4):719–748, 1959.
[4] R. DerSimonian and N. Laird. Meta-Analysis in Clinical Trials. Control Clin Trials, 7(3):177–188, 1986.
[5] E. Kontopantelis, D. A. Springate, and D. Reeves. A re-analysis of the cochrane library data: The dangers of unobserved heterogeneity in meta-analyses. Plos One, 8(7):1–14, 07 2013.
[6] T. F. Galvão and M. G. Pereira. Revisões sistemáticas da literatura: passos para sua elaboração. Epidemiologia e Serviços de Saúde, 23:183–184, 2014.

[7] Brasil. Ministério da Saúde. Secretaria-Executiva. Área de Economia da Saúde e Desenvolvimento. Avaliação de tecnologias em saúde: ferramentas para a gestão do SUS. Brasília, Ed. Ministério da Saúde, 2009.

[8] M. C. De-La-Torre-Ugarte-Guanilo, R. F. Takahashi, and M. R. Bertolozzi. Systematic review: general notions. Revista da Escola de Enfermagem da USP, 45(5):1260–1266, 2011.

[9] D. Budgen and P. Brereton. Performing systematic literature reviews in software engineering. In Proceedings of the 28th International Conference on Software Engineering, ICSE '06, pages 1051–1052, New York, NY, USA, 2006. ACM.

[10] Barbara Kitchenham. Procedures for performing systematic reviews. Keele, UK, Keele Univ., 33, 08 2004.

[11] L. E. G. Martins and T. Gorschek. Requirements engineering for safety-critical systems: A systematic literature review. Information and Software Technology, 75:71–89, 2016.

[12] A. Atallah, A. and Castro. Medicina Baseada em Evidências: o elo entre a boa ciência e a boa prática. Revista da Imagem, 20(1).

[13] R. A. Fisher. Statistical methods for research workers. Edinburgh Oliver and Boyd, 7th ed., rev. and enl edition, 1938. "Sources used for data and methods": p. 341-344; Bibliography: p. 345-352.

[14] W. G. Cochran. Problems arising in the analysis of a series of similar experiments. Supplement to the Journal of the Royal Statistical Society, 4(1):102–118, 1937.

[15] E. S. Pearson. The probability integral transformation for testing goodness of fit and combining independent tests of significance. Biometrika, 30(1/2):134–148, 1938.

[16] G. V. Glass. Primary, secondary, and meta-analysis of research. Educational Researcher, 5(10):3–8, 1976.

[17] L. A. Stewart and M. K. Parmar. Meta-analysis of literature or of individual patient data: is there a difference? Lancet, 341(8842):418–22, 1993.

[18] P. Schlattmann. Medical Applications of finite mixture models. Verlag-Berlin-Heidelberg: Springer, 1st edition, 2009.

[19] F. C. M. Q Mariano, R. R. Lima, P. B. Rodrigues, R.R. Alvarenga, and G. A. J. Nascimento. Equações de predição de valores energéticos de alimentos obtidas utilizando meta-análise e componentes principais. Ciência Rural, 42(9):1634–1640, 2012.

[20] F. C. M. Q. Mariano, C. A. Paixão, R. R. Lima, R. R. Alvarenga, P. B. Rodrigues, and G. A. J. Nascimento. Prediction of the energy values of feedstuffs for broilers using meta-analysis and neural networks. Animal, 7(9):1440–1445, 2013.

[21] D. A. Berry. A bayesian approach to multicenter trials and meta-analysis. Washington, D.C: National Science Foundation, 1989.

[22] M. N. Ragello-Gay J. M. Stern M. A. S. Bueno, C. A. B. Pereira. Environmental genotoxicity evaluation: Bayesian approach for a mixture statistical model. SERRA, 16(4):267–78, 2002.

[23] Martins C.B., Pereira C. A. B., and Polpo A. Bayesian meta-analytic measure. In Polpo A., Stern J., Louzada F., Izbicki R., and Takada E., editors, Bayesian

Inference and Maximum Entropy Methods in Science and Engineering. MaxEnt 37, Jarinu, Brazil, July 09-14, 2017. Springer International Publishing; 2018.

[24] W. G. Cochran. The combination of estimates from different experiments. Biometrics, 10(1):101–129, 1954.

[25] J. P. T. Higgins and S. G. Thompson. Quantifying heterogeneity in a meta-analysis. Statistics in Medicine, 21(11):1539–1558, 2002.

[26] A. Atallah, A. and Castro. A comparison of statistical methods for meta-analysis. Statistics in Medicine, 20.

[27] S. Lewis and M. Clarke. Forest plots: trying to see the wood and the trees. BMJ (Clinical research ed.), 322(7300):1479–80, 2001.

[28] L. F. S. Castro-de Araújo, R. Barcelos-Ferreira, C. B. Martins, and C. M.C. Bottino. Depressive morbidity among elderly individuals who are hospitalized, reside at long-term care facilities, and are under outpatient care in Brazil: a meta-analysis. Brazilian Journal of Psychiatry, 35:201 – 207, 06 2013.

[29] C. B. Begg and M. Mazumdar. Operating characteristics of a rank correlation test for publication bias. Biometrics, 50(4):1088–1101, 1994.

[30] M. G. Pereira and T. F. Galvão. Heterogeneidade e viés de publicação em revisões sistemáticas. Epidemiologia e Serviços de Saúde, 23(4):775–778, 2014.

Capítulo 9

Utilização de fontes renováveis na geração de energia

Rochele Ferreira Silva Diniz, Thais Aline P. Mendonça, Luciana Rocha G dos Santos, Raquel Aparecida Domingues e Maraísa Gonçalves
Instituto de Ciência e Tecnologia, Universidade Federal de São Paulo - Unifesp

Abstract

The replacement of fossil resources by renewable sources, as a consequence of growing concerns about climate change, depletion of reserves and fluctuations in oil prices, has motivated the search for sustainable products and processes. The aim of this chapter is to review the use of renewable sources that employ sustainable technological routes in their production for energy sector purposes. Two important sources of renewable energy will be explored: solar cells used in the electricity sector and biofuels used in the transport sector. These materials could reduce the dependence on petroleum *for fuel purposes, increasing industry sustainability, and reducing greenhouse gas emissions.*

Resumo

A substituição de recursos de origem fóssil por aqueles derivados de fontes renováveis, consequência das crescentes preocupações acerca das mudanças climáticas, da exaustão das reservas e flutuações nos preços do petróleo, tem motivado a busca por produtos e processos sustentáveis. O objetivo deste capítulo é fazer uma revisão sobre a utilização de fontes renováveis no setor energético, com rotas tecnológicas mais sustentáveis. Serão exploradas duas fontes renováveis de energia importantes para o mundo moderno e de grande interesse atual: as células solares utilizadas no setor elétrico e os biocombustíveis utilizados no setor de transporte. Estes materiais poderão reduzir a dependência do petróleo para uso como combustível, aumentar a sustentabilidade da indústria e diminuir as emissões de gases causadores do efeito estufa.

9.1. INTRODUÇÃO

A energia é uma fonte de magnitude e em alguns casos insubstituível, levando a uma dependência para sobrevivência. Desta forma, tornou-se ao longo dos anos um preceito para impulsionar a organização e a manutenção de todo o ecossistema. Atualmente, o petróleo, o gás natural e o carvão são responsáveis por quase 87% do total de energia primária consumida em todo o mundo, desta parte, cerca de 58% é consumida pelo setor de transportes [1-3]. Este alto consumo é preocupante, uma vez que o petróleo é um combustível fóssil com recurso esgotável, possuindo uma taxa de formação em processos naturais não proporcional à sua taxa de consumo atual [2]. Além da possibilidade de esgotamento, a utilização de combustíveis fósseis para geração de energia deverá sofrer um declínio nas próximas décadas devido aos elevados níveis de emissão de CO_2 na atmosfera, o que poderá acarretar sérios problemas ambientais devido ao aquecimento global e às mudanças climáticas [4].

Levando-se em consideração as desvantagens no uso do petróleo, a busca por fontes de energia que amenizem a agressão ao meio ambiente vem incentivando a utilização de insumos renováveis, ainda que parcialmente possam substituir os combustíveis de origem fóssil [2, 5]. Essas buscas iniciaram-se em 1970, mas somente em 2005 foi lançada a Parceria Global de Bioenergia através da união de diferentes países, como por exemplo Canadá, EUA, Brasil e China. O objetivo desta parceria era discutir maneiras de promover o uso sustentável e a produção de biocombustíveis levando-se em consideração as alterações climáticas ocorrentes, suas respectivas situações econômicas e dependências do petróleo [2]. Em 2015, a Organização das Nações Unidas (ONU) propôs que os países estabelecessem metas para diminuir os impactos ambientais causados principalmente pela emissão de CO_2. Após a adoção dos Objetivos de Desenvolvimento Sustentável, uma nova agenda de desenvolvimento sustentável deveria ser proposta para um acordo global sobre a mudança climática. Dentre os recursos renováveis que possibilitam essa diminuição de gases poluentes, exigidas no acordo, destacamos os biocombustíveis e as células solares, também chamadas de painéis fotovoltaicos [1, 6].

No século XXI, os biocombustíveis tornaram-se uma alternativa promissora quando comparados aos combustíveis fósseis, sendo que suas principais vantagens de produção e utilização são a utilização de fontes renováveis como matéria prima, baixa toxicidade durante o processo de combustão e a diminuição CO_2 emitido na atmosfera visto que a biomassa absorve a maior parte do CO_2 liberado. Os principais biocombustíveis produzidos atualmente são o bioetanol, biodiesel, biometanol, bioquerosene e bio-hidrogênio [7, 8]. Outra fonte de energia renovável de grande destaque atualmente são as células solares, uma tecnologia que utiliza a radiação solar para produção de energia [9].

9.2 BIOCOMBUSTÍVEIS

Biocombustíveis são combustíveis com valores de combustão elevados que utilizam como matéria prima fonte renovável, sendo os principais representantes o bioetanol, biodiesel, biogás, biometanol, bioéter, bio-hidrogênio, bio-óleo, entre outros. Os biocombustíveis são tidos como ecologicamente favoráveis, pois liberam menos, aproximadamente, 50% de material particulado, e 98% de enxofre, além de serem biodegradáveis [10].

Geralmente os biocombustíveis são agrupados em três grupos diferenciados de acordo com suas respectivas matérias-primas, e do tipo de tecnologia de conversão utilizada durante os processos industriais. Assim, são denominados como biocombustíveis de primeira (1G) segunda (2G), terceira (3G) e quarta geração (4G) [11-12]. Biocombustíveis de primeira geração (1G) são produzidos a partir de grãos e/ou cana-de-açúcar. Biocombustíveis de segunda geração são produzidos a partir de materiais lignocelulósicos como resíduos florestais, agrícolas ou coprodutos, tais como palha de trigo e biomassa lenhosa. Os biocombustíveis de terceira geração são produzidos a partir de matérias-primas aquáticas, principalmente as algas e a quarta geração produzida utilizando energia solar [2, 11].

No Brasil, os biocombustíveis de primeira geração são produzidos e utilizados em larga escala, sendo os principais representantes o biodiesel e o bioetanol. Na produção do bioetanol, a principal matéria prima utilizada é a cana de açúcar, a qual é transformada através dois processos básicos: a hidrólise da sacarose, seguida da fermentação da glicose [2]. Para a produção do biodiesel, a principal matéria prima utilizada é a soja, da qual é extraída o óleo e pela reação de transesterificação de ácidos graxos presentes é obtido o biodiesel. Também são reaproveitados os resíduos de gordura animal ou óleo de cozinha após sua utilização em frituras, obtendo biocombustível com um bom poder calorífico [13].

A utilização de biodiesel é crescente, assim sua produção deverá alcançar 18 bilhões de litros em 2030 [14]. Essa crescente utilização é devida as seguintes características do biodiesel [12]:

1. É virtualmente livre de enxofre e compostos aromáticos,
2. Possui um alto teor de cetanos,
3. Possui um teor médio de oxigênio elevado (em torno de 11%),
4. Possui maior viscosidade e maior ponto de fulgor que o diesel convencional,
5. Seu nicho de mercado específico está diretamente associado às atividades agrícolas,
6. Quando produzido a partir de óleo de fritura, ele se caracteriza por um grande apelo ambiental,

Porém, sua utilização ainda é limitada a apenas misturas ao diesel de petróleo, pois seu preço de mercado é superior ao preço do diesel [12]. No Brasil, atualmente é obrigatório a mistura de 10% de biodiesel ao diesel, com meta de aumento para 20% até 2030 [14].

O Brasil possui destaque na produção de bioetanol, que juntamente com os EUA detém aproximadamente 62% da produção mundial [15]. Atualmente, toda gasolina vendida no Brasil possui uma mistura entre 18 a 27% de etanol anidro [14]. Apesar do crescente reconhecimento desse biocombustível em grau de renovabilidade em comparação ao petróleo, há várias discussões sobre os impactos causados ao meio ambiente. Além disso, há uma grande discussão em torno da plantação da cana-de-açúcar em grande escala, utilizando-se terras férteis para essa cultura, uma vez que isso causa competição com o setor alimentício [2]. Neste contexto, os biocombustíveis de segunda geração são vistos como uma alternativa sustentável à crescente controvérsia em torno dos biocombustíveis de primeira geração, pois podem ser obtidos a partir de materiais lignocelulósicos, ou seja, podem utilizar resíduos como matéria prima, tais como palhas e bagaço de cana de açúcar [12].

Outra geração que vem ganhando destaque é o biodiesel de terceira geração, obtido de algas. As algas são excelentes acumuladoras de lipídios, quando comparadas às plantas oleaginosas (soja, girassol etc.), tornando-as promissora como matéria-prima para produção de biocombustível. Além disso, possui vantagem por não apresentar sazonalidade (períodos de safra) e não depender de condições, como o solo, para sua produção. Em sua produção as colheitas podem ser realizadas em curto período, praticamente semanal, com uma produtividade até 30 vezes maior quando comparado aos vegetais comuns [16]. Também possuem vantagem em relação à biomassa enriquecida com lignocelulose, um polímero que constitui a estrutura fibrosa dos vegetais de difícil conversão, tornando o processo oneroso [10, 17]. Alguns autores relatam que o balanço de energia e carbono, os impactos ambientais e o custo de produção são fatores que interferem e favorecem a produção de biocombustíveis a partir de microalgas [18].

Alguns estudos sobre a viabilidade sustentável dos biocombustíveis têm sido relatados, como por exemplo, estudos sobre as análises de energia, avaliação do ciclo de vida deste produto, sobre o processo de irrigação para produção de matéria prima, e a viabilidade financeira [11, 19]. Segundo Saravanan e colaboradores, é necessário a implementação política para futura visão de energia limpa, através de esquemas de mandatos e programas de adesão do biodiesel e etanol, em substituição ao diesel e gasolina. Além disso, é de grande relevância que o governo possa garantir a criação e execução de leis dedicadas para lidar com os desafios do marketing de biocombustíveis [11].

Na Europa, a indústria biológica, bioenergética e de biocombustíveis contribuem com cerca de 2,1 trilhões de euros no faturamento anual. Um estudo mostra uma comparação para os estoques de combustível fóssil e biomassa vegetal. Ao analisar os seus resultados, contabilizou-se que o volume de negócios totais é respectivamente 4 e 0,6% e isso gerava cerca de 1 e 0,2% do total das fontes de renda para população em forma de empregos. Neste mesmo estudo, é analisada a produção de biocombustíveis como fonte de energia através da biomassa vegetal, com base em exemplos de bioprodutos que podem ser obtidos a partir da madeira em biorrefinarias integradas à indústria de fibras de celulose [19].

Os EUA, o Brasil e a União Europeia (UE) são os principais produtores de biocombustíveis. Nos EUA as metas para o ano de 2022 é substituir os biocombustíveis em até 20%, pensando no setor rodoviário. Já para a UE o projeto para até o ano de 2020 é uma adesão de 10% de biocombustíveis nos combustíveis utilizados para transporte rodoviário [20].

Por outro lado, existem relatos da inviabilidade econômica na utilização de biocombustível. Estudos mostraram que a produtividade de inovação em tecnologias de biocombustíveis está declinando. Com essa tendência, poderão ser forçadas reduções nos investimentos em pesquisa para tecnologias de biocombustíveis, tornando-os inviáveis para substituição do diesel [21].

Também está surgindo pesquisas sobre a quarta geração de biocombustível ou foto solares, a qual utiliza a energia solar direta ou indiretamente. A grande vantagem é ser um método capaz de avaliar recursos abundantes e renováveis, porém ainda não possui viabilidade comercial [12].

Atualmente, a primeira geração de biocombustível é a que possui tecnologia de produção bem elucidado e que possui viabilidade comercial. Porém, devido à variedade de matéria prima, a biomassa, produção de biocombustíveis de segunda geração tem se tornado uma alternativa promissora e atraente que está sendo comercializada.

9.2.1 Biocombustíveis de segunda geração

Biocombustíveis de segunda geração (2G) são aqueles produzidos por diferentes tipos de biomassa lignocelulósica como matéria-prima diminuindo a competição com o mercado de alimentos e garantindo a preservação da vegetação nativa. Neste caso, são extraídos óleos de plantas com características químicas e físico-químicas comparadas ao diesel, atualmente utilizado pelos automotores [12, 20].

As culturas agrícolas e seus resíduos podem servir de fonte de energia (biomassa) como matéria-prima natural com potencial em recursos energéticos limpos e sustentáveis. Os biocombustíveis pró-redução das fontes residuais são importantes no progresso e melhoria de áreas rurais, na proteção ao meio ambiente e oportunidades para energia limpa. Como afirma Bokhari, os biocombustíveis e a eletricidade são os principais produtos obtidos a partir da biomassa utilizando tecnologias apropriadas de conversão [22]. A biomassa residual é abundante sendo excelente fonte de não comestíveis que reduzem o efeito estufa para a produção de biocombustível e eletricidade [22-23].

Porém, o biocombustível de segunda geração ainda é um grande desafio tecnológico, pois ainda não tem um custo competitivo como os combustíveis à base de petróleo, visto que sua matéria-prima contém um polímero natural, a lignocelulose, que deve passar por pré-tratamentos, etapas estas com alto custo [24]. No entanto, já existem pesquisas que mostram o uso de enzimas para degradar esse biomaterial, o que pode tornar uma alternativa mais competitiva que o pré-tratamento. Avanços tecnológicos são esperados para permitir a produção de biocombustível com boa relação custo-benefício. Assim, ao invés de armazenar biomassa em grande escala, se a bioconversão industrial for rentável, o próximo passo é balancear a ocupação da terra com menor interrupção da produção de alimentos e maiores benefícios ambientais, além de tornar o biocombustível de segunda geração competitivo com o combustível fóssil ou mesmo os biocombustíveis de primeira geração [25].

Os materiais lignocelulósicos consistem em três componentes poliméricos: celulose (40 e 50%), lignina (15 e 20%) e hemicelulose (25 e 35%). A celulose é um polímero mais rígido que impede a hidrólise da glicose; a lignina fornece rigidez e estabilidade contra muitas enzimas hidrolíticas; e a hemicelulose fornece açúcares monoméricos importantes na fermentação e produção de álcoois [26].

Existem duas formas de produção de biocombustíveis de segunda geração, a bioquímica e a termoquímica. A conversão por processos bioquímicos ocorre em presença de enzimas e/ou microorganismos que podem quebrar celulose e lignina obtendo-se assim, os açúcares da biomassa. A presença de microorganismos modificados geneticamente pode converter a biomassa em biogás e bio-hidrogênio pelo processo de digestão anaeróbia. A conversão por processos termoquímicos ocorre pelo processo de gaseificação e pirólise rápida da biomassa [27].

Porém, devido à complexidade da biomassa, é realizado o pré-tratamento com o intuito de alterar a estrutura complexa do material lignocelulósico, reduzir a cristalinidade e aumentar sua porosidade, tornando-a mais acessível à reação de hidrólise, além de limitar a produção de produtos inibidores [12]. Os pré-tratamentos realizados podem ser classificados em:

1. Físico: Moagem, congelamento, pirólise, radiação, extrusão etc. [28]
2. Químico: Ácido, base, oxidação etc. [29],
3. Físico-Químico: explosão das fibras por vapor d'água, vapor de amônia, ultrasonificação, CO_2 supercrítico etc. [30],
4. Biológico: fungos, microrganismos e enzimas [31],
5. Combinado: combinação de processos supracitados [12].

Os processos biológicos são ecologicamente corretos e sustentáveis, por isso vêm ganhando mais atenção para a geração de biocombustíveis. O estudo de material lignocelulósico em presença de enzimas como peroxidases e lacases, que se enquadra especificamente num grupo de enzimas oxidativas, está ganhando atenção por ser relatado como os mais viáveis economicamente [32]. Em processos biológicos, é importante entender que parâmetros como a interação entre aumento temperatura e pH são importantes para a atuação de enzimas como a lacase. Um menor rendimento de biocombustível pode ser obtido em alta temperatura de incubação e alta concentração de glicose e condições extremas devem ser evitadas, estudos como estes apontam para os grandes avanços no campo de bioenergia a partir de resíduos vegetais [24].

Além disso, pode-se destacar a integração de processos para a produção de bioetanol utilizando matéria-prima lignocelulósica pré-tratada com lacase (enzima responsável por degradar a lignoceluloses presente em fungos). Avaliado os diferentes processos para a produção de bioetanol e comparado com o processo único, compreende-se que a fermentação pode ser otimizada através da metodologia de superfície de resposta (técnica estatística) que resultou na identificação de uma ação extensa das enzimas com baixo custo, devido a essa metodologia usar um menor número de experimentos e ter um bom resultado [33].

Oviedo e colaboradores determinaram a viabilidade técnica do bioetanol produzido a partir de bagaço da cana-de-açúcar. Para o estudo, foram comparados os resultados entre um pré-tratamento físico e hidrólise ácida. Ambos os processos alteraram a composição inicial da lignina, hemicelulose e celulose e essa alteração da estrutura celular permitiu um melhor desempenho da enzima nos sítios ativos da matéria prima. O pré-tratamento físico produziu concentrações mais baixas de compostos inibitórios antes da fermentação (ácido acético e furfural), produzindo mais açúcares redutores (glicose). Assim, a produção de bioetanol foi mais eficiente com pré-tratamento físico quando comparado com o químico [15].

Em outro trabalho também buscou-se determinar o potencial de produção de bioetanol utilizando como matéria-prima a polpa de A. spinosa (argão). O interesse dos autores foi a composição química da polpa de argão, principalmente os carboidratos, que são o substrato da produção de bioetanol. Em paralelo, também houve discussão do conteúdo de outros compostos para as várias polpas coletadas em diferentes áreas do sudoeste de Marrocos, avaliando o efeito das condições ambientais no potencial de produção de bioetanol. Os resultados mostraram que fatores ambientais podem influenciar significativamente em todos os compostos bioquímicos de polpa de frutas. A amostra com o melhor desempenho para produzir bioetanol de segunda geração foi com polpa alto teor de celulose e açúcar [34]. Ao planejar os locais das biorrefinarias para produção de biocombustível, recomenda-se que os gerentes industriais foquem nas distâncias entre as biorrefinarias, as zonas agrícolas e os centros de mercado. Estas considerações minimizam a transmissão dos custos de transporte da cadeia de suprimento e tem um enorme impacto na redução de emissões de carbono [23].

Bioetanol de segunda geração vem sendo comercializado, porém existem etapas críticas as quais têm sido limitantes para as empresas alcançarem a produção em grande escala. Com o objetivo de agregar valor a palha e o bagaço de cana de açúcar, que são subprodutos da produção de bioetanol de primeira geração, alguns processos foram criados para aumentar a produtividade de energia sustentável e melhorar as escalas comerciais de produção de bioetanol. Com isso, foi criado um processo de produção integrado de biocombustível primeira/segunda geração [35]. No Brasil, a primeira planta para produção de bioetanol de segunda geração foi inaugurada em 2014 para o aproveitamento da palha e bagaço de cana. Porém, quando comparado com o bioetanol de primeira geração a quantidade de plantas é reduzida [35].

9.3 CÉLULAS SOLARES

A radiação solar tem o potencial de geração de energia em torno de 600TkWh a partir das usinas solares de todo mundo, quantidade muito superior a outras fontes de energia, como por exemplo a do vento, da qual é possível extrair, somente, em torno de 370 TkWh. Ademais, a quantidade de energia solar recebida pela superfície da Terra é na escala de 10^{17} W, sendo uma fonte de energia que não possui resíduos tóxicos e nem emissão de gases de efeito estufa, o que a torna uma promissora área de estudos para produção de energia elétrica. Todavia, a transformação eficaz desta luz solar em energia elétrica é um desafio, dado que apresenta alguns inconvenientes como sua instabilidade e dependência de condições climáticas [36].

Um caso específico da geração de energia elétrica a partir do sol são as células solares, em que fótons (luz), vindos dos raios solares, são convertidos em elétrons. Este sistema não gera poluição auditiva e possui baixo custo operacional e de manutenção, mas ainda assim, existem desafios a serem vencidos para que a energia fotovoltaica atinja um maior potencial. Esses desafios estão relacionados, principalmente, ao custo que deve ser minimizado e sua a eficiência. Para atingir tais objetivos, todos os esforços dos pesquisadores desta área estão voltados ao desenvolvimento de tecnologias que aumentem a eficiência das células solares individuais e dos painéis solares [36].

Existem três tecnologias aplicadas à produção de células solares, classificadas em três gerações de acordo com seu material e suas características. Historicamente, o silício cristalino tem sido usado como semicondutor absorvedor de luz na maioria das células fotovoltaicas identificadas como de primeira geração. Estas células inorgânicas de primeira geração são relativamente bem desenvolvidas sendo dominadoras do mercado fotovoltaico, podendo ser policristalinas (p-Si) ou monocristalinas (m-Si) e fornecem eficiência, nas células comerciais, dentre 15 e 20%. Isto ocorre, pois, as células de policristais de silício concentram um maior número de defeitos. Em função disso, o seu custo é mais baixo quando comparados às células monocristalinas. Contudo o custo de operação e produção de usinas de células solares baseadas em silício ainda é muito mais alta do que os outros métodos de produção de energia, o que gerou a necessidade do desenvolvimento de novas tecnologias com processabilidade mais fácil e barata [3, 37].

Devido a este fato e aos desafios significativos do silício cristalino, como a necessidade de grande quantidade de material ultra-puro, foram desenvolvidas células fotovoltaicas de segunda geração, baseada em filmes finos inorgânicos, podendo ser utilizado o disseleneto de cobre e índio (CIS) e silício amorfo (a-Si) [36, 38].

Atualmente, por meio das desvantagens produzidas pelas células fotovoltaicas de primeira e segunda geração, principalmente em relação a eficiência e custo de produção, os pesquisadores desenvolveram uma nova geração, a terceira, a qual é composta por distintas tecnologias as quais geralmente incluem células tandem ou de multi-junção, células solares sensibilizadas por corante (DSSC), de pontos quânticos (PQs), células orgânicas (OPV) e uma das mais pesquisadas no último ano, as células solares perovkitas. A terceira geração, é definida pelo IEEE - Instituto de Engenheiros Eletricistas e Eletrônicos como: "Células que permitem uma utilização mais eficiente da luz solar que as células baseadas em um único band-gap eletrônico. De forma geral, a terceira geração deve ser altamente eficiente, possuir baixo custo/watt e utilizar materiais abundantes e de baixa toxicidade" [36]. Com isso, será explicado melhor e mais detalhadamente os tipos de células fotovoltaicas de terceira geração, dando enfoque em suas vantagens, desvantagens e motivos de serem estudadas.

As células fotovoltaicas chamadas de tandem, ou multi-junção são aquelas onde há duas ou mais células em série, sendo assim, de maneira geral, são mais eficientes que as células individuais. Isso ocorre, pois, o maior número de células permite um maior aproveitamento do espectro de luz que incide sobre elas. Por meio deste método fora possível, por exemplo, que as células de filmes finos de silício amorfo conseguissem um rendimento de cerca de 25%. Essas células podem, no entanto, ser produzidas com uma variedade de materiais [38].

A multi-junção de células pode ser utilizada em conjunto, também, com outras técnicas de terceira geração, como a DSSC, ou em células orgânicas nos quais estão sendo estudados perspectivas de materiais para a próxima geração de células solares tandem de baixo custo [38]. Estas células solares sensibilizadas por corantes (Dye Sensitized Solar Cells - DSSC) foram primeiramente relatadas por O'Regan e Grätzel e por isso são também conhecidas como células solares de Grätzel [39, 40]. Nestas células, a camada ativa é formada por dióxido de titânio recoberto com um corante sensível à luz, na forma de uma malha com suspensão de partículas e cercado por dois eletrólitos e um cátodo. O corante sensível a luz é responsável pela conversão de fótons em elétrons podendo gerar energia [40].

Uma melhor explicação da composição de uma célula fotovoltaica DSSC seria que esta é composta da seguinte maneira: a camada mais externa é o ânodo formado por um suporte mecânico revestido com um filme de óxido condutor transparente (como o FTO – óxido de estanho dopado com flúor); acima deste filme semicondutor é colocado um óxido de metal nanoporoso (à exemplo, TiO_2), juntamente com o corante que funciona como sensibilizador. O outro eletrodo, o cátodo, é constituído pelo mesmo substrato de vidro recoberto com FTO recoberto com uma camada de Pt que tem o papel de catalisador na célula. Os eletrodos devem ser unidos (sanduichados), e entre eles é depositado um eletrólito, que geralmente é constituído por uma solução de iodo. A célula deve ser selada para que não haja vazamentos [41].

A substituição dos corantes usados em DSSC pelos chamados pontos quânticos (QD), com a finalidade de aumentar a eficiência de conversão de energia solar em eletricidade foi primeiramente desenvolvida em 1998 por Nozik e colaboradores. As células solares sensibilizadas por pontos quânticos foram desenvolvidas utilizando os mesmos materiais empregados nos dispositivos convencionais e que já apresentavam resultados favoráveis. Entretanto, com o tempo, a arquitetura e alguns componentes foram modificados em busca de uma melhor adequação aos QDs visando aumentar sua eficiência [37-38].

O princípio de funcionamento das células solares em QD é semelhante ao dos DSSCs. Os pontos quânticos geralmente são compostos de nano-cristais de sulfeto de cádmio, seleneto de zinco, arseneto de gálio, fosfeto de índio, sulfeto de chumbo e seleneto de chumbo (PbSe), que se aproximam do tamanho do raio de Bohr na faixa de 2 a 10 nanômetros. Com isso, os QDs têm estruturas de banda com energias distintas dependentes do tamanho de seu raio atômico e podem gerar múltiplos elétrons, por fóton emitido. Assim, adicionando-se QD nas células solares, é possível tentar evitar ao máximo a da perda de energia da radiação solar incidente sobre a célula fotovoltaica [3, 37].

Atualmente, as principais pesquisas com QDs são referentes a sua síntese e meio de deposição nas DSSC, tal como no trabalho de Sharma e colaboradores sobre os recentes avanços e as perspectivas do futuro para o foto-anodo, ou no caso de sínteses estudados por Ahmad e colaboradores sobre os limites e possíveis soluções na célula solar orgânica com pontos quânticos ou eficiência do transporte dos portadores de carga em direção aos eletrodos [3, 37].

As células solares fotovoltaicas orgânicas (OPV), por sua vez, são uma das tecnologias mais promissoras para a geração de energia de baixo custo, já que utilizam cerca de 20 vezes menos energia que os painéis de primeira geração em seu processo de fabricação, tendo vantagens de semi-transparência, flexibilidade e processamento de solução. Devido a estas características atrativas, uma grande atenção é dada à pesquisa e desenvolvimento de OPV de maior eficiência [42]. O uso de porfirinas deu início as primeiras investigações de fotovoltaicos orgânicos, em 1958, através das observações feitas por Kearns e Calvin em que Ftalocianina de Magnésio, entre dois eletrodos de vidro, apresentou uma fotovoltagem de 200 mV [43]. No entanto, foi somente em 1991, que Hiramoto desenvolveu a técnica de heterojunção do tipo bulk, com depósito de uma terceira camada entre os dois materiais [44]. Apesar de outras configurações estruturais alternativas terem sido desenvolvidas, é ainda a heterojunção do tipo Bulk a mais utilizada em pesquisas, tendo nos últimos anos o principal objetivo de aumentar seu rendimento. Atualmente, as pesquisas são voltadas não só no uso de diferentes materiais orgânicos nas suas camadas, como também na otimização dos processos de fabricação dos dispositivos. Os materiais mais utilizados neste tipo de estrutura têm sido a mistura P3HT (poli-(3-hexil-tiofeno)):PCBM (éster metílico do ácido fenil-C61-butírico) [45].

Dentre todos os tipos de fotovoltaicos de terceira geração citados, os mais pesquisados nos dias de hoje são as células feitas a partir de perovkitas. Esta tecnologia promete uma combinação entre menor custo e facilidade de fabricação com uma melhor eficiência de geração de energia, visando assim substituir a tecnologia de silício [1, 46].

As células solares de perovskita (PSCs) melhoraram consideravelmente nos últimos anos, começando com uma eficiência de conversão de energia de 3,9% atingindo 22,7%. Quanto a configuração, em uma típica PSC, a camada ativa é composta pela perovskita (sendo a responsável por absorver a radiação), e é colocada entre uma camada transportadora de elétrons (TiO_2 ou fulereno), e uma camada transportadora de buracos (por exemplo, PEDOT:PSS). Uma das camadas, transportadora de elétrons ou buracos, é depositada sobre um eletrodo condutor transparente, sendo FTO ou ITO, e sobre a outra camada é depositado um metal (Au, Ag ou Al), completando o dispositivo [39, 46-47].

Os maiores problemas enfrentados pelas células solares de perovskitas estão relacionados à estabilidade e toxicidade do material, já que os materiais que possuem as maiores eficiências possuem chumbo em sua estrutura. As PSCs são vulneráveis à umidade, à presença de oxigênio, exposição à luz UV, processo de produção em solução e temperatura, o que resulta em dificuldades de fabricação, prejudicando, assim, as propriedades de transporte de carga e, consequentemente, a eficiência do dispositivo [39, 47]. Sendo assim, os estudos nesta área estão voltados a encontrar soluções para estes problemas [47-48].

9.4 CONSIDERAÇÕES FINAIS

Neste capítulo, foi apresentado o potencial de produção e as recentes pesquisas de duas diferentes fontes de energias renováveis: biocombustíveis e células solares. A junção de diferentes tecnologias na produção de energia limpa tende a aumentar com o passar dos anos, devido aos acordos mundiais de redução de gases de efeito estufa e a futura escassez de fontes não renováveis. Os biocombustíveis possuem muitas vantagens (fontes renováveis, biodegradáveis e emitem menos poluentes), no entanto, existem ainda muitos obstáculos para que 100% de sua implantação seja realizada. O impacto dos adubos e dos pesticidas utilizados, o alto consumo de água necessária à produção de algumas espécies vegetais, e os impactos na biodiversidade e na produção alimentícia, que podem surgir quando zonas de cultura de fontes para a produção dos biocombustíveis substituem áreas muito ricas em espécies nativas ou áreas utilizadas na produção de alimentos, são exemplos desses empecilhos. Uma opção é a produção do biodiesel a partir de resíduos lignocelulósicos ou algas marinhas, o que não causaria impacto nas terras férteis, diminuindo algumas desvantagens para a implementação dos biocombustíveis. Com relação às células solares, apesar das chamadas células de 1° geração, a base de silício, estarem consolidadas no mercado, seu custo de operação e produção ainda é muito alto comparado a outros métodos de produção de energia. Por isso, utilizar tecnologias de produção de células solares que necessitem menos energia em sua produção, traria um maior aproveitamento na conversão de luz em eletricidade. Além da processabilidade, outro desafio é a melhoria da eficiência das células solares. Com isso, os estudos dos últimos anos estão embasados na chamada 3° geração, a qual é composta por diversos modelos de células e análises diferenciadas, na tentativa de tornar as células solares uma fonte de energia elétrica para substituição em massa de outras energéticas.

REFERÊNCIAS

[1] Assadi, M.K., et al., Recent progress in perovskite solar cells. Renewable and Sustainable Energy Reviews, 2018. 81: p. 2812-2822.

[2] Agostinho, F. and R. Siche, Hidden costs of a typical embodied energy analysis: Brazilian sugarcane ethanol as a case study. Biomass and Bioenergy, 2014. 71: p. 69-83.

[3] Sharma, D., R. Jha, and S. Kumar, Quantum dot sensitized solar cell: Recent advances and future perspectives in photoanode. Solar Energy Materials and Solar Cells, 2016. 155: p. 294-322.

[4] Liu, C.-M. and S.-Y. Wu, From biomass waste to biofuels and biomaterial building blocks. Renewable Energy, 2016. 96: p. 1056-1062.

[5] Karinen, R.S. and A.O.I. Krause, New biocomponents from glycerol. Applied Catalysis A: General, 2006. 306: p. 128-133.

[6] Saladini, F., et al., Guidelines for emergy evaluation of first, second and third generation biofuels. Renewable and Sustainable Energy Reviews, 2016. 66: p. 221-227.

[7] Rodionova, M.V., et al., Biofuel production: Challenges and opportunities. International Journal of Hydrogen Energy, 2017. 42(12): p. 8450-8461.

[8] Pereira, C.L.F. and E. Ortega, Sustainability assessment of large-scale ethanol production from sugarcane. Journal of Cleaner Production, 2010. 18(1): p. 77-82.

[9] Yang, T.C.-J., et al., High-Bandgap Perovskite Materials for Multijunction Solar Cells. Joule, 2018. 2(8): p. 1421-1436.

[10] Demirbas, A., Use of algae as biofuel sources. Energy Conversion and Management, 2010. 51(12): p. 2738-2749.

[11] Saravanan, A.P., et al., Biofuel policy in India: A review of policy barriers in sustainable marketing of biofuel. Journal of Cleaner Production, 2018. 193: p. 734-747.

[12] Kumari, D. and R. Singh, Pretreatment of lignocellulosic wastes for biofuel production: A critical review. Renewable and Sustainable Energy Reviews, 2018. 90: p. 877-891.

[13] Ben Hassen Trabelsi, A., et al., Second generation biofuels production from waste cooking oil via pyrolysis process. Renewable Energy, 2018. 126: p. 888-896.

[14] ANP, A.N.d.P. Produção de biodiesel (B100). 2017, june, 15]; Available from: http://www.anp.gov.br/?id=470.

[15] Bernier-Oviedo, D.J., et al., Comparison of two pretreatments methods to produce second-generation bioethanol resulting from sugarcane bagasse. Industrial Crops and Products, 2018. 122: p. 414-421.

[16] Dias, R.F. and C. de Carvalho, Bioeconomia no Brasil e no mundo: panorama atual e perspectivas. 2017.

[17] Mathimani, T. and A. Pugazhendhi, Utilization of algae for biofuel, bio-products and bioremediation. Biocatalysis and Agricultural Biotechnology, 2019. 17: p. 326-330.

[18] Slade, R. and A. Bauen, Micro-algae cultivation for biofuels: Cost, energy balance, environmental impacts, and future prospects. Biomass and Bioenergy, 2013. 53: p. 29-38.

[19] Chirat, C., Use of vegetal biomass for biofuels and bioenergy. Competition with the production of bioproducts and materials? Comptes Rendus Physique, 2017. 18(7): p. 462-468.

[20] Oliveira, L.P., et al., Biofuel production from Pachira aquatic Aubl and Magonia pubescens A St-Hil: Physical-chemical properties of neat vegetable oils, methyl-esters, and bio-oils (hydrocarbons). Industrial Crops and Products, 2019. 127: p. 158-163.

[21] Arnold, M., J.A. Tainter, and D. Strumsky, Productivity of innovation in biofuel technologies. Energy Policy, 2019. 124: p. 54-62.

[22] Bokhari, A., et al., Optimisation on pretreatment of rubber seed (Hevea brasiliensis) oil via esterification reaction in a hydrodynamic cavitation reactor. Bioresource Technology, 2016. 199: p. 414-422.

[23] Ahmed, W. and B. Sarkar, Impact of carbon emissions in a sustainable supply chain management for a second-generation biofuel. Journal of Cleaner Production, 2018. 186: p. 807-820.

[24] Manyuchi, M.M., et al., Bio ethanol from sewage sludge: A biofuel alternative. South African Journal of Chemical Engineering, 2018. 25: p. 123-127.

[25] Li, R., and J. Chen, Planning the next-generation biofuel crops based on soil-water constraints. Biomass and Bioenergy, 2018. 115: p. 19-26.

[26] Voloshin, R.A., et al., Review: Biofuel production from plant and algal biomass. International Journal of Hydrogen Energy, 2016. 41(39): p. 17257-17273.

[27] Sims, R.E.H., et al., An overview of second-generation biofuel technologies. Bioresource Technology, 2010. 101(6): p. 1570-1580.

[28] Bu, Q., et al., Chapter Two - Catalytic Microwave Pyrolysis of Lignocellulosic Biomass for Fuels and Chemicals, in Advances in Bioenergy, Y. Li and X. Ge, Editors. 2016, Elsevier. p. 69-123.

[29] Antonopoulou, G., D. Vayenas, and G. Lyberatos, Ethanol and hydrogen production from sunflower straw: The effect of pretreatment on the whole slurry fermentation. Biochemical Engineering Journal, 2016. 116: p. 65-74.

[30] Elbeshbishy, E., H. Hafez, and G. Nakhla, Ultrasonication for biohydrogen production from food waste. International Journal of Hydrogen Energy, 2011. 36(4): p. 2896-2903.

[31] Pang, Z.-W., et al., Butanol production employing fed-batch fermentation by Clostridium acetobutylicum GX01 using alkali-pretreated sugarcane bagasse hydrolysed by enzymes from Thermoascus aurantiacus QS 7-2-4. Bioresource Technology, 2016. 212: p. 82-91.

[32] Brusca, S., et al., Second generation bioethanol production from Arundo donax biomass: an optimization method. Energy Procedia, 2018. 148: p. 728-735.

[33] Rajak, R.C. and R. Banerjee, An eco-friendly process integration for second generation bioethanol production from laccase delignified Kans grass. Energy Conversion and Management, 2018. 157: p. 364-371.

[34] Siqueira, A.F., et al., Stochastic modeling of the transient regime of an electronic nose for waste cooking oil classification. Journal of Food Engineering, 2018. 221: p. 114-123.

[35] Neto, A.C., M.J.O.C. Guimarães, and E. Freire, Business models for commercial scale second-generation bioethanol production. Journal of Cleaner Productions, 2018. 184: p. 168-178.

[36] Ely, F. and J.W. Swart, Energia solar fotovoltaica de terceira geração. Instituto de Engenheiros Eletricistas e Eletrônicos ou Instituto de Engenheiros Eletricistas e Eletrônicos (IEEE), O Setor Elétrico, ed, 2014. 105: p. 138-139.

[37] Ahmad, Z., et al., Limits and possible solutions in quantum dot organic solar cells. Renewable and Sustainable Energy Reviews, 2018. 82: p. 1551-1564.

[38] Todorov, T.K., D.M. Bishop, and Y.S. Lee, Materials perspectives for next-generation low-cost tandem solar cells. Solar Energy Materials and Solar Cells, 2018. 180: p. 350-357.

[39] Raphael, E., et al., Células Solares de Perovskitas: Uma Nova Tecnologia Emergente. Química Nova, 2018. 41: p. 61-74.

[40] O'Regan, B. and M. Grätzel, A low-cost, high-efficiency solar cell based on dye-sensitized colloidal TiO2 films. Nature, 1991. 353: p. 737.

[41] Mozaffari, S., M.R. Nateghi, and M.B. Zarandi, An overview of the Challenges in the commercialization of dye sensitized solar cells. Renewable and Sustainable Energy Reviews, 2017. 71: p. 675-686.

[42] McDowell, C., et al., Solvent Additives: Key Morphology-Directing Agents for Solution-Processed Organic Solar Cells. 2018. 30(33): p. e1707114.

[43] Kearns, D. and M. Calvin, Photovoltaic Effect and Photoconductivity in Laminated Organic Systems. The Journal of Chemical Physics, 1958. 29(4): p. 950-951.

[44] Hiramoto, M., H. Fujiwara, and M. Yokoyama, Three-layered organic solar cell with a photoactive interlayer of codeposited pigments. Applied Physics Letters, 1991. 58(10): p. 1062-1064.

[45] Munshi, J., et al., Composition and processing dependent miscibility of P3HT and PCBM in organic solar cells by coarse-grained molecular simulations. Computational Materials Science, 2018. 155: p. 112-115.

[46] Abate, A., et al., Perovskite Solar Cells: From the Laboratory to the Assembly Line. Chemistry – A European Journal, 2018. 24(13): p. 3083-3100.

[47] Green, M.A., A. Ho-Baillie, and H.J. Snaith, The emergence of perovskite solar cells. Nature Photonics, 2014. 8: p. 506.

[48] Karimi, E. and S.M.B. Ghorashi, Investigation of the influence of different hole-transporting materials on the performance of perovskite solar cells. Optik, 2017. 130: p. 650-658.

Capítulo 10

Financiamento de Inovações

Renato Cesar Sato
Instituto de Ciência e Tecnologia, Universidade Federal de São Paulo - Unifesp

Abstract

This chapter explores the main sources of funding for innovations in processes and products. Companies that are R & D-intensive have a higher cost of capital than other industry segments. In this context, we will take a focused but unrestricted approach to the issues of venturing investing, investor exit, fundraising, and startup firm funding. As a way of substantiating the discussion about this interaction between potential investors and nascent firms, we will deal with problems of information asymmetry, moral damage, and capital structure as potential barriers to the diffusion of innovations that need external financing. This analysis assumes that the R & D process that precedes an innovation should be seen as an investment, but with a substantial difference from traditional investments, as they result from future expectations about intangible assets. When facing the process of technological innovation from this perspective, we propose an integrated understanding from research to marketing conception - as opposed to trying to see each step in isolation. This is at the cost of a loss of detail but gains a comprehensive view. From the practical point of view, the intention is to provide the inventor and investor with a structure on the potential barriers that prevent the development of products and processes that need financing for the expansion stage.

Resumo

Neste capítulo são exploradas as principais fontes de financiamento de inovações em processos e produtos. As empresas nascentes com uso intensivo de Pesquisa e Desenvolvimento (P&D) possuem um maior custo do capital do que outros segmentos da indústria. Nesse contexto, faremos uma abordagem focada, porém não restrita nas questões de investimentos de risco em inovação (venturing investing), processo de saída do investidor, arrecadação de fundos de investimentos e financiamento governamental para firmas nascentes (startup firms). Como forma de fundamentar a discussão acerca dessa interação entre os investidores potenciais e as firmas nascentes trataremos dos problemas de assimetria de informações, dano moral e de estrutura do capital como potenciais barreiras ao processo de difusão das inovações que necessitam de financiamento externo. Essa análise parte do pressuposto que o processo de P&D que antecede uma inovação deve ser visto como um investimento, porém com uma substancial diferença em relação aos investimentos tradicionais, pois decorrem de expectativas futuras sobre ativos intangíveis. Ao encarar o processo de inovação tecnológica diante dessa perspectiva propomos um entendimento integrado desde a pesquisa até a concepção mercadológica – em oposição a tentativa de enxergar isoladamente cada etapa. Isso se dá ao custo de uma perda dos detalhes, mas com ganho de uma visão abrangente. Do ponto de vista prático o intuito é fornecer ao inventor e investidor uma estrutura sobre as potenciais barreiras que impedem o desenvolvimento produtos e processos que necessitam de financiamento para etapa de expansão.

10.1. INTRODUÇÃO

Os fundos de capital de risco (venture capital) tiveram uma evolução desde os anos 60. E podemos dividir essa evolução em três fases distintas [1]. A primeira fase foi caracterizada por empresas que emulavam uma estrutura de capital de risco internamente. Durante os anos 60 e início dos anos 70, mais de 25% das empresas listadas na Fortune 500 tinham alguma espécie de programa para financiamento de suas divisões. No entanto, esse financiamento estava restrito às estruturas internas da organização. Em sequência as grandes corporações começaram a financiar novas empresas. Uma vantagem evidente da possibilidade de financiar empresas externas era a possibilidade dos gestores ampliarem e/ou complementarem sua carteira de investimentos em determinados negócios ou tecnologias tidos como estratégicos para o desenvolvimento da organização [1-2].

Nessa mesma época empresas como a DuPont tentavam internalizar as ideias de empreendedorismo dentro da empresa. Notadamente os cientistas e engenheiros da empresa eram motivados a desenvolver inovações uma vez que a empresa possuía os canais e meios necessários para prestar suporte nas áreas legais, financeiras e de marketing tidos como essenciais para o desenvolvimento e estabelecimento de novos produtos. Apesar desse momento inicial, por volta de 1973 os retornos financeiros observados, especialmente oriundos das ofertas públicas, frustraram as expectativas com uma queda percebida no valor das ações de novas tecnologias. Diante desse baixo retorno dos investimentos os financiamentos se tornaram mais escassos [1].

Por volta do final dos anos 70 e início dos anos 80 temos uma nova etapa envolvendo a indústria do capital de risco. Dentre os possíveis motivos estão a redução na taxação dos ganhos de capital e a recuperação do mercado de oferta pública inicial. Nessa fase a maior parte dos investimentos estavam voltados para a indústria de tecnologia e farmacêutica. Empresas como Control Data, EG&G, Eli Lilly e Monsanto tiveram um crescimento importante nessa época [1-2]. No entanto, com a quebra do mercado de ações em 1987 houve uma nova deflação no mercado de oferta pública inicial e uma dificuldade de obtenção de fundos em parcerias independentes [1].

A terceira fase teve início no final dos anos 90 com a reanimação do mercado de capital de risco decorrente das oportunidades surgidas com a internet. Nessa época temos a aparição de empresas como Ebay, Netscape, Yahoo para citar apenas algumas [1]. Nessa mesma fase o processo de inovação começa a ser visto de modo diferente com novos modelos tais como *joint venture*, aquisições e parcerias com universidades. Na época, as empresas se apoiavam fortemente em seus laboratórios de pesquisa e desenvolvimento para ideias de potenciais produtos com o apoio da alta gestão da empresa. A rápida ampliação da internet mostrou que o comércio eletrônico trazia para os negócios tradicionais uma oportunidade e ameaça ao mesmo tempo. Isso motivou a vontade das empresas em acelerar esse novo ambiente, mesmo que a maioria das empresas não tivessem recursos internos apropriados para isso, por outro lado grupos de capital de risco encontraram na figura das empresas um importante parceiro para colaboração nos investimentos. A rápida expansão do mercado de capital de risco durante a década mostrou também que cada empresa de capital de risco possuía características distintas em sua posição estratégica e operacional tornando difícil generalizar o seu comportamento estratégico. Para se destacarem os gestores dos fundos de capital de risco passaram a considerar a possibilidade de parceria com uma grande empresa deveria ser vista como uma fonte de vantagem competitiva para aceleração dos resultados dos investimentos.

No entanto, apesar das parcerias estabelecidas entre as empresas de capital de risco e as corporações, não é possível afirmar que essa relação seja homogênea e sem conflito para ambos. Algumas empresas de capital de risco são receosas nesse tipo de parceria devido a possibilidade de interrupções dos projetos decorrente de pressões internas, por exemplo, uma possível mudança abrupta na gestão da organização. Vale ressaltar que as grandes corporações são estruturas com uma estrutura vertical e que os projetos e seus eventuais ajustes podem passar por uma análise detalhada que demanda tempo e recursos. Atualmente o mercado de financiamento de inovações não está limitado apenas ao capital de risco com parcerias em grandes empresas. Temos um amplo espectro de iniciativas de investimento visando os diversos estágios de uma empresa ou iniciativa inovadora. No entanto, apesar dessas diferenças que apresentaremos mais adiante nesse texto certos valores não são tão mutáveis e podemos tentar extrair algo a respeito disso quando acerca do financiamento de inovações. A Fig. 10.1 apresenta de forma resumida o ciclo de desenvolvimento do negócio. Essas etapas, iniciada pela idealização representam o processo em que a empresa desenvolve seu negócio. Observando esse ciclo podemos arriscar em dizer que poucos negócios conseguem completar uma volta completa e um número menor ainda é capaz de repetir esse ciclo continuamente.

Figura 10.1. Processo de desenvolvimento do negócio. Fonte: [3]

Entende-se por idealização a própria concepção do negócio, em que o negócio pode ser representado na forma de um produto único. Após essa idealização é necessária uma confirmação sobre a potencialidade dele perante o mercado. Essa etapa exige que o inventor ou empreendedor do negócio consiga acessar de modo eficiente os principais canais criando um "momentum" de reconhecimento do "valor" do produto para os potenciais consumidores. Se a empresa for incapaz de acessar esses consumidores e fazer com que eles confirmem como esse produto se traduz em um valor adicional ela poderá estar fadada ao insucesso.

Vale ressaltar que essa não é uma estrutura rígida, sendo que algumas etapas do processo podem acontecer de modo alternado. Por exemplo, a etapa de criação do produto pode anteceder a etapa de confirmação. No entanto, a efetiva criação do produto dependerá da confirmação do seu valor por parte do mercado e, sem isso as oportunidades de financiamento externo ficam extremamente restritas as poucas oportunidades.

O processo de criação dependerá também de uma equipe que consideramos a parte "soft" do empreendimento, sem uma equipe adequada, as chances de superar a fase de criação de maneira satisfatória tornam-se restritiva aos desafios que se apresentam durante esse ciclo.

A etapa de validação diz respeito ao momento que o produto é definitivamente comercializado de maneira satisfatória. Essa é a etapa que o modelo de negócio prova na prática sua efetiva capacidade mercadológica. É importante frisar que o lançamento do produto no mercado para comercialização, isto é, superar as etapas anteriores não é uma garantia de aceitação do produto no mercado – isto representa apenas uma demonstração adicional da sua potencialidade de maneira mais concreta. A etapa de reprodução é o momento em que o produto passa a ser efetivamente produzido para atender a demanda inicial. Essa etapa pode acontecer em um momento muito próximo da etapa anterior, visto que a demanda pelo produto ocorre de modo praticamente concomitante entre sua validação e reprodução.

A etapa denominada escalonamento ocorre quando a empresa passa a produzir de modo sistemático buscando um aumento na escala de produção. Novamente a velocidade e complexidade desse escalonamento dependerá em grande parte do tipo e natureza do negócio que está sendo desenvolvido. A fase da lucratividade ocorre quando o produto possui uma escala adequada para gerar os lucros necessários para manutenção do empreendimento. Trata-se de uma fase mais madura em que a atração de capital começa a não ser tão contundente como nos primeiros estágios e mesmo diante dessa necessidade o produto já ofereceu provas suficientes que investimentos podem ser realizados com menor grau de incerteza.

A etapa final desse ciclo chamada de previsibilidade diz respeito justamente a redução da incerteza confirmada na etapa anterior, aqui a incerteza é tida como um risco. No entanto, nessa primeira etapa a incerteza não é uma ameaça tão latente, ou pelo menos não oferece um risco inerente a concepção do empreendimento. Dependendo da organização a etapa de oferta pública inicial acontecem nesse estágio, mostrando que a empresa já está pronta para competir abertamente no mercado e a atração de capital torna-se distinta dos estágios anteriores. As etapas apresentadas anteriormente possuem níveis de complexidade e duração que dependem do ramo e natureza do produto. Inclusive a separação entre essas etapas pode ser algo nebuloso e pouco definido na prática, isto é, em determinados momentos não é necessário finalizar uma atividade para que outra possa acontecer. Apresentamos no texto de forma bem definida apenas para clarificar nossa argumentação. Seguiremos com esse ciclo como forma de guiar a apresentação das diferentes formas de financiamento de inovação. Nem todas as empresas podem se encaixar nas formas apresentadas a seguir, mas a ideia é fornecer uma visão entre os estágios do desenvolvimento com os tipos de financiamento possíveis.

10.2. FONTES TÍPICAS DE FINANCIAMENTO

Nessa seção apresentamos as principais fontes de financiamento para inovações. É importante ressaltar que essa não é uma lista definitiva das possíveis fontes de financiamento, mas, sim, um pequeno espectro das possibilidades existentes. As formas de financiamento de inovações recentemente passaram por importantes mudanças com relação a sua estrutura, e, portanto, essa apresentação deve ser tida como aquelas que se encaixa na estrutura lógica de evolução e desenvolvimento de um empreendimento de base inovadora conforme apresentado na Fig. 10.1. Talvez a primeira fonte de financiamento de um projeto inovador, especialmente nos casos em que não existe uma corporação por trás de idealização como apresentamos no histórico no início do capítulo, seja o financiamento próprio.

Essa é a forma em que o próprio idealizador (inventor) coloca seus recursos privados como um investimento na ideia. Esse financiamento pode também acontecer com recursos de familiares e amigos. Não é fácil resumir as vantagens e desvantagens desse tipo de financiamento de forma definitiva. O fato é que um empreendedor desconhecido não possui referências suficientes para obter capital de outra forma, no entanto, na primeira etapa do empreendimento as chances de falhas são elevadas e podem gerar desconfortos para quem emprestou e até mesmo o empreendedor por estar reticente em investir uma grande parte do seu capital próprio na sua ideia. Uma recomendação é tomar emprestado quando já houver um fluxo de receita, mas isso quase nunca é possível pois uma grande parte dos negócios ainda são imaturos demais ou abstratos demais para gerar essa receita. Outro aspecto são as interferências sobre o empreendimento que podem acontecer apenas na forma de crítica uma vez que é difícil nessa etapa um aconselhamento profissional sobre o negócio. A próxima etapa para obter o financiamento são os investidores anjo.

10.2.1 Investidores Anjo

Os investidores anjo também são conhecidos como investidores privados, investidor informal ou investidor semente. No geral são representados pela figura de um indivíduo com recursos suficientes que busca futuramente uma participação no negócio ou uma troca por débitos conversíveis. Mais recentemente temos o surgimento de grupos de anjos ou redes de anjos que compartilham e participam de forma conjunta no investimento com o aporte de capital, bem como agem de modo ativo no direcionamento da empresa. A questão do perfil do investidor anjo e o seu relacionamento na empresa é fundamental para o desenvolvimento do negócio [4]. É importante frisar que o investidor anjo contrasta com o processo de investimento formal do Capital de Risco (Venture Capital) que conta com uma análise quantitativa mais elaborada realizada por profissionais. O termo investidor anjo pode parecer estranho a princípio, mas é uma referência aos apoiantes das produções teatrais (peças de teatro, óperas etc.) que eram chamados de anjos. Nesse contexto, indivíduos ricos (incluindo a família real) exercem o papel de patrocinador e financiador de novos empreendimentos [5].

No contexto atual investidor anjo é uma forma de financiamento patrimonial (equity financing). O uso desse tipo de capital geralmente é feito por empresas ainda não consolidadas, isto é, não possuem um fluxo de caixa ou garantias suficientes para obtenção do capital por outros meios [6]. Desse modo, essa modalidade de investimento preenchem o espaço entre o capital fornecido por famílias e amigos e o capital de risco (venture capital). No Quadro 10.2.1 são apresentados alguns achados sobre o papel desse tipo de investimento nas empresas iniciantes.

Quadro 10.2.1 – Papel investidores anjo sobre as empresas iniciantes

Autor	Amostra	Principais conclusões
[7]	121 investidores que realizaram 1038 novos investimentos de risco.	• Investidores anjos que enfatizam a previsão fazem investimentos de risco significativamente maiores. • Investidores anjos que enfatizam o controle não preditivo experimentam uma redução nas falhas de investimento sem uma redução no número de sucessos.
[8]	215 rodadas de investimento feitas por investidores anjos em 143 empresas de 1994 a 2001	• Embora expostos a uma maior incerteza ao investir mais cedo na vida de uma empresa em comparação com investidores de capital de risco, os investidores-anjos não dependem de mecanismos tradicionais de controle, como controle do conselho, encenação ou cláusulas contratuais para proteger contra a expropriação. • Os anjos podem usar métodos mais informais de controle, como investir em estreita proximidade geográfica e sindicalizar investimentos com outros anjos para mitigar os riscos.
[9]	121 investidores anjo informando sobre 1.038 novos investimentos de risco	O investimento anjo é uma proposta arriscada, mas apresenta consequentemente potencial sucesso. No estudo foi identificado um múltiplo 2.9 nos 5.8 anos que eles mantiveram seus investimentos bem-sucedidos, uma taxa respeitável de retorno dependendo do ajuste de risco proposto.
[10]	Maiores organizações de investidores anjo nos EUA, consistindo em 173 anjos a partir de agosto de 2004.	Os resultados deste estudo mostram que a confiabilidade do empreendedor, a qualidade da equipe de gestão, o entusiasmo do empreendedor principal e as oportunidades de saída do anjo são os principais critérios dos anjos.
[11]	Período de 2001 até o início de 2007 mais de 2500 ventures estudados na forma de banco de dados.	• Os resultados sugerem que a orientação ou contatos de negócios, pode ajudar novos empreendimentos. • Os níveis de interesse dos anjos nas fases da apresentação inicial e *due diligence* são preditivos do sucesso do investimento.

Mais recentemente temos as redes de investidores anjo que estabelecem redes de conexões que se organizam profissionalmente (formando uma coesão) permitindo clareza e velocidade ao processo de financiamento.

O capital semente pode ser entendido como a etapa ou camada subsequente ao investidor anjo. Normalmente operam na forma de grupos que captam mais de um investidor na forma de um fundo. No Brasil as principais iniciativas de capital semente são: a Criatec (BNDES), Projeto Inovar (FINEP), Finep Startup e o Startup Brasil que na verdade é um programa de aceleração voltado a empresas de software e tecnologia da informação.

10.2.2 *Venture Capital*

O capital de risco (venture capital) é um assunto bem explorado na literatura acadêmica, portanto, faremos apenas uma apresentação genérica sem levar em conta os modelos e particularidades existentes. As "venture capital" (VC) são organizações que obtém recursos monetários de indivíduos e instituições para investimento em negócios ainda nos estágios iniciais e que oferecem um potencial de retorno associado um alto risco [12]. Parte desse risco é associado a assimetria de informações inerente a essas empresas iniciantes e de alta tecnologia, isso faz com que o processo de monitoramento da empresa seja mais intensivo do que nas empresas já estabelecidas [13].

As empresas de venture capital promovem a profissionalização da gestão de empresas iniciantes, como, por exemplo, nos aspectos de marketing e recursos humanos. Isso sugere que as empresas de venture capital tenham um papel mais ativo do que serem apenas um intermediário financeiro nesse estágio de desenvolvimento da empresa [14]. Como apresentado inicialmente não existe um consenso acerca do papel definitivo das empresas de venture capital sobre as empresas iniciantes. No Quadro 10.2.2 apresentamos um resumo sobre esse assunto como modo de demonstrar essa dificuldade em associar o papel desse agente para além de intermediário financeiro.

Quadro 10.2.2 – Papel das empresas de venture capital sobre as empresas iniciantes [30]

Autor	Amostra	Principais conclusões
[15]	Amostra de empresas da Espanha entre 2003 e 2005.	O investimento em capital de risco leva a um aumento do patenteamento. O efeito é robusto quando se considera a seleção de produtos inovadores firmas de capitalistas de risco.
[16]	Firmas de biotecnologia no Canadá entre 1991 e 2000.	Capitalistas de risco escolhem "vencedores" com conceito tecnológico promissor (patentes aumentam a propensão a receber VC). VC não leva a uma maior atividade de patenteamento. • Valor agregado por capitalistas de risco leva à profissionalização no desenvolvimento comercial.
[17]	Amostra de firmas de base tecnológica na Itália entre 1994 e 2003.	• VC leva a uma maior atividade de patenteamento. • O controle para outros determinantes muda os resultados apenas ligeiramente.
[18]	Amostra de firmas na Itália entre 1995 e 2004.	• Nenhum impacto positivo do capital de risco na inovação. • Melhorias do capital de risco são alcançadas em vez da prática gerencial e nas operações comerciais das empresas apoiadas pelo VC.
[19]	Nível das firmas nos Estados Unidos entre 1972-2000.	Maior eficiência em termos do fator de produtividade total das empresas apoiadas pelo capital de risco devido a serviços de seleção (pré-investimento) e valor agregado (pós-investimento).
[20]	Amostra de firmas públicas dos EUA entre 1969 e 1999.	O venture capital corporativo tem um impacto positivo no patenteamento de produtos.
[21]	Nível da firma na Alemanha entre 1995 e 1998	• Os capitalistas de risco tendem a selecionar as empresas detentoras de patentes. • o patenteamento não difere após a provisão de VC em comparação com empresas sem o apoio de VC.
[22]	Países da Europa entre 2000 e 2009.	O capital de risco tem um impacto positivo na inovação, principalmente numa fase posterior da empresa.
[23]	Nível das indústrias nos Estados Unidos entre 1968 e 2001.	• VC tem um efeito mais forte sobre patentes do que P&D. • Não há suporte para um efeito de VC no fator de produtividade total. • Existe um efeito positivo sobre a produtividade do trabalho através de substituições de fatores.
[24]	Nível das indústrias nos Estados Unidos entre 1965 e 1992.	• O capital de risco tem um impacto maior sobre a inovação, conforme medido pelas concessões de patentes do que o gasto com P & D. • Os resultados se mantêm após a verificação da causalidade com variáveis instrumentais.
[25]	Firmas da Áustria entre 1996 e 2005	• O capital de risco tem um impacto positivo na inovação, mas não é causador de um produto inovador mais alto. • O efeito positivo decorre da seleção firme pelo capitalista de risco.

[26]	Nível da Indústria na Europa entre 1991 e 2005.	• O VC é responsável por 9,7% da inovação industrial, conforme medido pelas concessões de patentes, mas o efeito não é significativo. • Menor influência de VC versus P & D na Europa do que nos EUA.
[27]	Nível Regional dos Estados Unidos entre 1993 e 2002.	A VC promove a inovação atuando como um "catalisador para a comercialização".
[28]	Nível países da Europa entre 1991 e 2001.	• "Capital do conhecimento" tem um impacto positivo no VC.
[29]	Nível das Indústria em Taiwan entre 1984 e 2002.	• O VC tem um impacto positivo no crescimento total da produtividade agregada. • Efeito através de transbordamentos de conhecimento via capitalistas de risco.

10.2.3 *Crowdfunding*

Percebe-se atualmente uma mudança nos meios de venture capital e nas formas com que as empresas iniciantes podem captar recursos. Um exemplo são as iniciativas de crowdfunding que na sua figura mais conhecida temos o Kickstarter [31] iniciado em 2009.

Como exemplo de uma estrutura de *crowdfunding* utilizaremos o Kickstarter em que cada projeto é criado e desenvolvido nas mais variadas áreas e tenta fornecer o maior número de informações possíveis sobre suas potencialidades na plataforma digital da internet. No momento em que esse projeto é considerado apto para publicação os criadores o apresentam e compartilham com a comunidade. Cada projeto estabelece sua meta e prazo final, caso o projeto venha a ser acreditado pelos apoiadores pode-se prometer recursos monetários para concretizá-lo. Se o projeto tiver sucesso em atingir sua meta de financiamento os apoiadores terão os valores prometidos debitados do seu cartão de crédito e no caso de não ser possível atingir a meta nenhum débito ocorre. Esse é um processo do tipo "tudo ou nada". Para uma discussão mais aprofundada sobre os modelos de *crowdfunding* ver [32].

Uma diferença fundamental entre o *crowdfunding* e os capitalistas de risco, incluindo os investidores anjos, é que os apoiadores do projeto que colocam seu dinheiro na ideia não possuem qualquer participação na empresa, mesmo no caso de sucesso dele. Dessa forma os criadores continuam sendo o seu único proprietário, isto é, a plataforma não é utilizada para oferecer retornos financeiros para investidores. Mesmo de posse de recursos financeiros pode haver casos em que os criadores não desenvolvam os projetos como o esperado, e a plataforma não faz o papel de monitoramento. Assim o problema de assimetria de informações continua sendo substancial.

Existe uma nítida diferença entre os projetos financiados por investidores anjo, capitalistas de risco e *crowdfunding*. No entanto, em todos, a demonstração e prova da potencialidade de inovação são aspectos fundamentais para atração de capital. Nesse último caso, o volume possível de captação é mais limitado que do que nos capitalistas de risco que podem ser na ordem de milhões de dólares.

Quadro 10.2.3 - Papel do *crowdfunding* sobre as empresas iniciantes

Autor	Amostra	Principais conclusões
[7,33]	636 campanhas abrangendo 17.188 investidores e 64.831 investimentos entre 2012 e 2015, de uma das principais plataformas de *crowdfunding* de capital europeu.	• *Crowdfunding* de capital provavelmente representará grandes desafios para os financiadores de capital de risco e de *business angel* no futuro próximo. • Considerando a taxa de problemas de todas as empresas que asseguraram o investimento em plataformas de *crowdfunding* desde 2012. Foram encontrado uma queda de 20,9% na taxa de problemas das empresas que recebeu *crowdfunding* de capital próprio na fase de semente, entre 2013 e 2014, e que o 2015 a taxa de problemas de empresa a *crowdfunded* fase de sementes foi realmente menor do que a taxa de problemas daqueles que recebeu qualquer forma de investimento no estágio de sementes.
[34]	Dados do Kickstarter com todos os projetos financiados entre o lançamento (junho de 2009) e outubro de 2012. Os dados abrangem 27.403 projetos, totalizando US $ 293 milhões em 13 categorias.	• Os tipos de empreendimentos que recebem um benefício desproporcional são aqueles que possuem produtos de consumo em que a proposta de valor pode ser facilmente comunicada via texto e vídeo e onde o produto é único e não está sujeito a fácil imitação quando divulgado publicamente. • Os dados de *crowdfunding* podem fornecer uma oportunidade para investimentos de capital em estágio inicial. Estes dados e as análises permitem os formuladores de políticas e projetistas de plataformas lidar com falhas do mercado pela adaptação do design de mercado para o crescimento do *crowdfunding* e realizar os ganhos sociais do comércio que podem resultar do financiamento de um importante, mas potencialmente setor subcapitalizado da economia.
[35]	Estudo teórico	• A participação nos lucros é ideal para empreendedores com grandes necessidades de capital. • Construir uma comunidade que apoie o empreendedor é crucial para que o *crowdfunding* seja um mecanismo de financiamento viável.
[36]	Kickstarter desde o seu início em 2009 a julho de 2012	• A grande maioria dos esforços de *crowdfunding* parece tentar entregar os bens prometidos, mas a maioria dos projetos possui atrasos. • O *crowdfunding* bem-sucedido está relacionado aos sinais de qualidade do projeto proposto. • Fatores geográficos influenciam a natureza e o sucesso do *crowdfunding*.

10.3. ESTRATÉGIAS DE FINANCIAMENTO

Antes da busca de financiamento de suas ideias, as empresas devem estar suficientemente maduras na concepção do seu negócio para entender profundamente sua necessidade de capital. O modo como o empreendedor enxerga e vislumbra seu projeto/negócio tem um impacto em como os investidores farão sua avaliação acerca da proposta. A razão disso é que a visão do empreendedor contribui para o modo como os investidores fazem a sua avaliação de potencialidade da proposta.

Seguindo o ciclo apresentado na Fig. 10.3, torna-se necessário uma apresentação concreta da relação de potencialidade da ideia/produto e as provas que existem como afirmação dessa potencialidade.

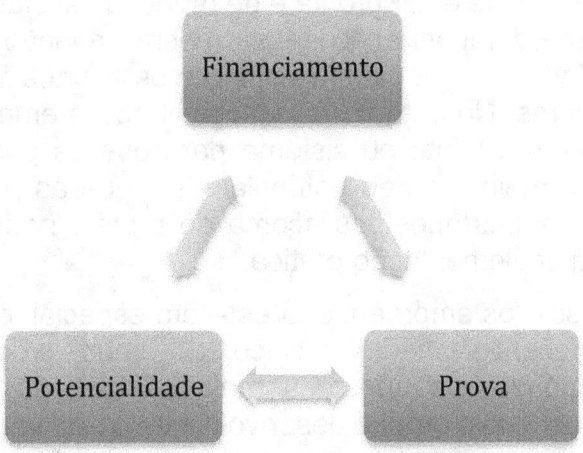

Figura 10. 3 – Relação Estratégica

Na Fig. 10.3 apresentamos a relação estratégica que deve estar presente no início do ciclo de desenvolvimento da empresa (Fig. 10.1) e essa relação tende-se a propagar para as demais etapas do desenvolvimento como uma forma de reafirmação. Isto é, a relação entre a potencialidade do produto e sua comprovação são fatores indissociáveis ao processo de financiamento e, essa demonstração deve estar presente de maneira crescente no desenvolvimento do negócio. Nos momentos iniciais tanto a potencialidade quanto a sua comprovação pode não ser plenamente visível, no entanto, conforme o desenvolvimento do negócio ocorre espera-se que essas relações se tornem mais nítidas.

Financeiramente essa falta de nitidez acerca da potencialidade real torna o projeto mais arriscado para investimento, mas, conforme novas etapas vão sendo cumpridas essa incerteza tende a ser reduzida.

No momento inicial é importante ressaltar que esse potencial ainda não sofre um bombardeamento de críticas acerca da visão de como ele está sendo estruturado, mas isso tende a acontecer nas etapas posteriores. Porém, se o empreendedor não for capaz de oferecer provas concretas sobre a viabilidade do seu projeto de negócio dificilmente ele terá sucesso nos canais de financiamento para sustentar a evolução do projeto. Desse modo essa é uma etapa crucial nos estágios iniciais das empresas em desenvolvimento, pois sem isso a empresa ainda não será potencializada na obtenção de recursos financeiros para seu desenvolvimento.

Em outras palavras, o empreendedor teve atuar com perspicácia e ter respostas claras sobre essa dualidade da potencialidade e prova, pois se não souber demonstrar isso de maneira irrefutável pode ser que a proposta da empresa ainda não esteja madura o suficiente para buscar investimentos externos.

Percebe-se então que não é imprescindível que a empresa tenha um produto já pronto e em fase de desenvolvimento para buscar financiamento como no caso do *crowdfunding* e para alguns investidores anjo, mas, a resposta para essa relação dual do potencial-prova deve estar pronta e de maneira satisfatória. No caso do VC é esperada ainda uma demonstração dessa mesma relação podendo variar em termos de complexidade e profundidade visto que os aportes financeiros no capital da empresa são maiores. No entanto, é desejável que a empresa já tenha o seu projeto na forma de um artefato ou sistema para que os potenciais investidores possam compreender melhor o seu potencial visto que as propostas podem ser abstratas e que muitas das questões acerca do projeto podem ser respondidas durante uma primeira implementação prática.

Em alguns casos, os empreendedores – em especial, os inventores podem ficar focados no desenvolvimento técnico de seus produtos que acabam esquecendo de responder as questões mais básicas do mercado de modo irrefutável. Isso faz com que o próprio desenvolvimento não venha de encontro com a resposta esperada pelo mercado criando maiores dificuldades de financiamento e tornando o desenvolvimento de firma mais demorado que o esperado.

Do ponto de vista das estruturas estratégicas financeiras, o primeiro aporte de recursos financeiros dificilmente será suficiente para garantir o desenvolvimento do negócio. Porém sem o sucesso de primeiro aporte para ser traduzido na forma de um artefato ou sistema para que os investidores possam acessar a relação potencial-prova raramente a empresa receberá novos aportes para continuidade do projeto.

Na estrutura do ciclo apresentado anteriormente as próximas etapas são validadas através dos consumidores por meio do consumo efetivo. O ponto crucial é que em todos os momentos do ciclo deve-se estar atento a essa relação de prova para condução para os próximos passos demonstrando que o potencial do projeto é algo real e verificável. Essa demonstração é crucial pois os investidores, exceto no contexto do *crowdfunding*, vão tentar determinar o grau de risco do projeto e optar por aqueles que mostram uma relação risco-retorno adequada. Um projeto incapaz de demonstrar de modo concreto seu potencial será visto como um projeto com grande nível de incerteza, e, portanto, de risco.

Nos casos das empresas iniciantes, seu valor ainda é de difícil determinação. Assim uma empresa com maior valor terá uma maior aceitação no mercado de financiamento e dos consumidores. Isso pode ser visto como uma barreira a ser superada pelas empresas iniciantes. Empresas iniciantes que consigam reduzir de modo eficiente as assimetrias em relação às potencialidades do projeto podem ultrapassar essa barreira de modo mais fácil.

Adicionalmente, as empresas iniciantes possuem uma forte dependência de uma equipe adequada de colaboradores para o desenvolvimento capaz de traduzir essa potencialidade para algo tangível seguindo o modelo de negócio. Portanto, o valor criado pela empresa dependerá fortemente da equipe de desenvolvimento, como, por exemplo, nas empresas de *software*. A criação do valor em cada etapa dependerá das habilidades, capacidades e adaptabilidade dessa equipe para conduzir o avanço da empresa para os próximos estágios.

10.4 CONSIDERAÇÕES FINAIS

Neste capítulo apresentamos três formas de financiamento, o investidor anjo, o *venture capital* e o *crowdfunding*. Mostramos também as principais diferenças e vantagens entre eles no que tange ao volume do financiamento e a participação do investidor no processo. Mesmo diante dessas diferentes formas de financiamento buscamos apresentar que é possível incluí-las sobre a mesma estrutura teórica do processo de desenvolvimento do negócio e sua relação estratégica. De modo algum tentamos afirmar que essas são as melhores e mais adequadas fontes de financiamento, pois isso dependerá, em muito, do tipo de projeto e produto que está sendo desenvolvido. Assuntos como problemas da agência e seleção adversa em projetos de financiamento de inovações também não foram abordados e serão desenvolvidos em trabalhos futuros.

REFERÊNCIAS

[1] Gompers PA, Lerner J. The money of invention: How venture capital creates new wealth: Harvard Business Press; 2001.

[2] Gompers PA. The rise and fall of venture capital. Business and Economic History. 1994:1-26.

[3] Skok MJ. Funding Strategies to Go the Distance https://http://www.startupsecrets.com/funding-strategies-to-go-the-distance/ [20/11/2018].

[4] Mitteness C, Sudek R, Cardon MS. Angel investor characteristics that determine whether perceived passion leads to higher evaluations of funding potential. Journal of Business Venturing. 2012;27(5):592-606.

[5] Morrissette SG. A Profile of Angel Investors. The Journal of Private Equity. 2007;10(3):52-66.

[6] Ward S. What Is an Angel Investor? 2018 [29/11/2018]. Available from: https://http://www.thebalancesmb.com/angel-investor-2947066.

[7] Wiltbank R, Read S, Dew N, Sarasvathy SD. Prediction, and control under uncertainty: Outcomes in angel investing. Journal of Business Venturing. 2009;24(2):116-33.

[8] Wong A, Bhatia M, Freeman Z. Angel finance: the other venture capital. Strategic Change: Briefings in Entrepreneurial Finance. 2009;18(7-8):221-30.

[9] Wiltbank R. Investment practices and outcomes of informal venture investors. Venture Capital. 2005;7(4):343-57.

[10] Sudek R. Angel investment criteria. Journal of Small Business Strategy. 2006;17(2):89-104.

[11] Kerr WR, Lerner J, Schoar A. The consequences of entrepreneurial finance: Evidence from angel financings. The Review of Financial Studies. 2011;27(1):20-55.

[12] Sahlman WA. The structure and governance of venture-capital organizations. Journal of financial economics. 1990;27(2):473-521.

[13] Gompers PA. Optimal investment, monitoring, and the staging of venture capital. The journal of finance. 1995;50(5):1461-89.

[14] Hellmann T, Puri M. Venture capital and the professionalization of start-up firms: Empirical evidence. The journal of finance. 2002;57(1):169-97.

[15] Arqué-Castells P. How venture capitalists spur invention in Spain: Evidence from patent trajectories. Research Policy. 2012;41(5):897-912.

[16] Baum JA, Silverman BS. Picking winners or building them? Alliance, intellectual, and human capital as selection criteria in venture financing and performance of biotechnology startups. Journal of business venturing. 2004;19(3):411-36.

[17] Bertoni F, Croce A, D'Adda D. Venture capital investments and patenting activity of high-tech start-ups: a micro-econometric firm-level analysis. Venture Capital. 2010;12(4):307-26.

[18] Caselli S, Gatti S, Perrini F. Are venture capitalists a catalyst for innovation? European Financial Management. 2009;15(1):92-111.

[19] Chemmanur TJ, Krishnan K, Nandy DK. How does venture capital financing improve efficiency in private firms? A look beneath the surface. The Review of Financial Studies. 2011;24(12):4037-90.

[20] Dushnitsky G, Lenox MJ. When do firms undertake R&D by investing in new ventures? Strategic Management Journal. 2005;26(10):947-65.

[21] Engel D, Keilbach M. Firm-level implications of early stage venture capital investment—An empirical investigation. Journal of Empirical Finance. 2007;14(2):150-67.

[22] Faria AP, Barbosa N. Does venture capital really foster innovation? Economics Letters. 2014;122(2):129-31.

[23] Ueda M, Hirukawa M. Venture capital and industrial 'innovation'. 2008.

[24] Kortum S, Lerner J. Does venture capital spur innovation? Entrepreneurial inputs and outcomes: New studies of entrepreneurship in the United States: Emerald Group Publishing Limited; 2001. p. 1-44.

[25] Peneder M. The impact of venture capital on innovation behavior and firm growth. Perspectives on Financing Innovation: Routledge; 2014. p. 193-223.

[26] Popov A, Roosenboom P. Venture capital and patented innovation: evidence from Europe. Economic Policy. 2012;27(71):447-82.

[27] Samila S, Sorenson O. Venture capital as a catalyst to commercialization. Research Policy. 2010;39(10):1348-60.

[28] Schertler A. Knowledge capital and venture capital investments: new evidence from European panel data. German Economic Review. 2007;8(1):64-88.

[29] Tang MC, Chyi YL. Legal environments, venture capital, and total factor productivity growth of Taiwanese industry. Contemporary Economic Policy. 2008;26(3):468-81.

[30] Kienlein T. The Impact of Venture Capital on Business Dynamics in Europe and the United States: Lund University; 2015.

[31] Kickstarter. Kickstarter [23/11/2018]. Available from: https://http://www.kickstarter.com/press?ref=hello.

[32] Cumming D, Leboeuf G, Schwienbacher A. Crowdfunding models: Keep-it-all vs. all-or-nothing. 2015.

[33] Vulkan N, Åstebro T, Sierra MF. Equity crowdfunding: A new phenomena. Journal of Business Venturing Insights. 2016;5:37-49.

[34] Agrawal A, Catalini C, Goldfarb A. Some simple economics of crowdfunding. Innovation Policy and the Economy. 2014;14(1):63-97.

[35] Belleflamme P, Lambert T, Schwienbacher A. Crowdfunding: Tapping the right crowd. Journal of business venturing. 2014;29(5):585-609.

[36] Mollick E. The dynamics of crowdfunding: An exploratory study. Journal of business venturing. 2014;29(1):1-16.

AGRADECIMENTOS

Os autores gostariam de agradecer às empresas e organizações FigmentFace, 3D Criar, 3DC Med, Boa Impressão 3D, 3DTime, Mao3D, Animal Avengers/Cícero Moraes, Pineal5D e ao Centro de Inovação Tecnológica Renato Archer que cederam imagens para ilustrar alguns capítulos. As imagens apresentadas neste livro não representam qualquer indicação de preferência de uma ou outra tecnologia, sendo meramente ilustrativas. Agradecemos às instituições dos envolvidos que propiciaram o tempo requerido para a elaboração dos capítulos: Instituto de Matemática e Estatística (IME) da Universidade de São Paulo (USP), Centro de Engenharia, Modelagem e Ciências Sociais Aplicadas da Universidade Federal do ABC (UFABC), Instituto Tecnológico de Aeronáutica (ITA) e Escola Paulista de Medicina, Universidade Federal de São Paulo (Unifesp). Agradecemos especialmente à Instituição de fomento à pesquisa Conselho Nacional de Desenvolvimento Científico e Tecnológico (CNPq). Por fim, agradecemos a todos profissionais dos grupos de pesquisa de cada instituição que contribuíram direta e indiretamente para o desenvolvimento das pesquisas citadas neste livro.

Sobre os Autores

Álvaro Luiz Fazenda - É professor associado na Universidade Federal de São Paulo, campus São José dos Campos, e pesquisador na área de Processamento de Alto Desempenho e Sistemas Distribuídos, ministrando disciplinas relacionadas a área de Programação Concorrente, Paralela e Distribuída para a graduação e pós-graduação. Possui mestrado (1997) e doutorado (2002) em Computação Aplicada pelo Instituto Nacional de Pesquisas Espaciais (INPE) e um Pós-Doutorado (2013) pela University of Illinois at Urbana-Champaign (UIUC). No passado, atuou como Pesquisador Visitante no CPTEC/INPE e como professor na Universidade de Taubaté.

Ana Paula Dias Cano - Possui graduação em Engenharia Biomédica pela Universidade Federal de São Paulo (2018) e graduação em Ciência e Tecnologia pela Universidade Federal de São Paulo (2015). Tem experiência na área de Engenharia Biomédica, com ênfase em desenvolvimento de dispositivos mecânicos. Principais áreas de atuação: Manufatura Aditiva, especialmente FDM; Tecnologia Assistiva e; Mecânica.

Arlindo Flavio da Conceição - Professor Associado no Instituto de Ciência e Tecnologia (ICT), Universidade Federal de São Paulo (UNIFESP), campus São José dos Campos-SP. Atua no grupo de Sistemas Distribuídos e Alto Desempenho (SiDAD). Bacharel em Computação Científica pela Universidade de Taubaté (UNITAU). Mestre em Ciência da Computação pelo no Instituto de Computação da Universidade Estadual de Campinas (IC-UNICAMP). Doutor em Ciência da Computação pelo Instituto de Matemática e Estatística da Universidade de São Paulo (IME-USP). Coordenador do Programa Extensão Educação em Software Livre (PESL, www.pinguim.pro.br). Tem como principais áreas de pesquisa e interesse: Sistemas Distribuídos e Sistemas Móveis.

Bárbara Olivetti Artioli - Engenheira Biomédica, formada pela Pontifícia Universidade Católica de São Paulo (PUC-SP). Mestre em Engenharia Biomédica pela UFABC. Fundadora da Startup FigmentFace na área de próteses auriculares por impressão 3D. Atua ainda nos seguintes temas: eletromédicos, hfmea, prótese maxilofacial, prototipagem rápida, órteses e próteses.

Camila Bertini Martins - É doutora em Ciências, Área Estatística, pelo Instituto de Matemática e Estatística da Universidade de São Paulo (USP), Mestre e Bacharel em Estatística pela Universidade Federal de São Carlos (UFSCar). Docente da Escola Paulista de Medicina (EPM), Universidade Federal de São Paulo (Unifesp). É professora-orientadora do Programa de Mestrado Profissional Interdisciplinar em Inovação Tecnológica (PIT - Unifesp), atuando nas áreas de Processos e Produtos Tecnológicos e Tecnologia da Informação e Comunicação. Desenvolve pesquisa na área de Estatística Aplicada, Metanálise, Inferência Bayesiana e elaboração de aplicativos digitais envolvendo metodologias estatísticas.

Catarina Fernandes Pröglhöf - É bacharel em Matemática Computacional pela Universidade Federal de São Paulo (Unifesp). Durante sua formação, passou por diversas áreas, dentre elas matemática aplicada, estatística, computação e otimização. Atualmente trabalha como cientista de dados focada em eficiência operacional.

Denise Stringhini - Possui graduação em Informática pela Pontifícia Universidade Católica do Rio Grande do Sul (1993), mestrado em Ciências da Computação pela Universidade Federal do Rio Grande do Sul (1997) e doutorado em Ciências da Computação pela Universidade Federal do Rio Grande do Sul (2002). Realizou programa de estágio pós-doutoral (bolsista CAPES) em 2010 no LIG (Laboratoire d'Informatique de Grenoble, Grenoble, França). É professora adjunta da Universidade Federal de São Paulo (UNIFESP). Tem experiência de mais de 15 anos no ensino de Ciência da Computação, com ênfase em Software Básico. Como interesses de pesquisa, atua principalmente na área de Processamento de Alto Desempenho (PAD), tendo como temas de interesse: programação paralela, ferramentas e aplicações para multicores, clusters e GPUs. É membro do projeto INCT da Internet do Futuro para Cidades Inteligentes na linha de Computação de Alto Desempenho.

Eliane Alves de Oliveira Juvenal – Mestre em engenharia biomédica pela UFABC, Graduada em Fisioterapia pela Faculdade de Medicina do ABC (UFABC), Fisioterapeuta Trainee do hospital Mario Covas, pós graduada em pediatria e neonatologia pela Unifesp, preceptora da residência em fisioterapia em oncologia e geriatria. Fisioterapeuta em neurologia adulto e infantil e pós operatório em ortopedia pediátrica no Centro de Reabilitação do Hospital Estadual Mário Covas (Santo André)

Ezequiel Roberto Zorzal - É professor associado de Ciência da Computação e Engenharia no Instituto de Ciência e Tecnologia da Universidade Federal de São Paulo (ICT/UNIFESP). É doutor em Engenharia Elétrica pela Universidade Federal de Uberlândia (2009) e Bacharel em Ciência da Computação pelo Centro Universitário Adventista de São Paulo (2005). É pesquisador e orientador integrado no Programa de Pós-Graduação Profissional em Inovação Tecnológica da Unifesp de São Paulo realizando pesquisa em Realidade Virtual, Realidade Aumentada e Realidade Misturada (Extended Reality - XR) para treinamento e ensino. Atua simultaneamente como pesquisador associado no Instituto de Engenharia de Sistemas e Computadores, Investigação e Desenvolvimento em Lisboa INESC-ID/IST/ULisboa, Instituto Superior Técnico, Universidade de Lisboa.

Flávia Cristina Martins Queiroz Mariano - É doutora e mestre em Estatística e Experimentação Agropecuária pela Universidade Federal de Lavras (UFLA), licenciada em Matemática pela Universidade Federal de Uberlândia (UFU). Docente do Instituto de Ciência e Tecnologia da Universidade Federal de São Paulo (Unifesp) desde 2014. É professora-orientadora do Programa de Mestrado Profissional Interdisciplinar em Inovação Tecnológica (PIT - Unifesp), atuando nas áreas de Processos e Produtos Tecnológicos e Tecnologia da Informação e Comunicação. Desenvolve pesquisa na área de Estatística Aplicada, com ênfase em Metanálise, Modelos de Regressão, Modelos de Redes Neurais, Estatística Experimental e, recentemente, Estatística Forense.

Flávio Soares Corrêa da Silva - Possui graduação em Engenharia de Produção pela Universidade de São Paulo, mestrado em Engenharia de Transportes pela Escola Politécnica da Universidade de São Paulo e doutorado em Artificial Intelligence pela University Of Edinburgh (1992). Atualmente é professor associado (MS-5) da Universidade de São Paulo e Research Fellow (Honorary) da University of Aberdeen. Tem experiência na área de Ciência da Computação, com ênfase em Metodologia e Técnicas da Computação. Atuando principalmente em inteligência artificial.

Iraci de Souza João-Roland - É professora da área de administração no Instituto de Ciência e Tecnologia da Universidade Federal de São Paulo (Unifesp). Desenvolve pesquisa na área de inovação social e empresa social orientando alunos no Mestrado Profissional Interdisciplinar em Inovação Tecnológica (PIT - Unifesp) e no Mestrado Profissional em Administração Pública em Rede Nacional na Universidade Federal do Triângulo Mineiro (UFTM). Doutora em Administração de Organizações pela Faculdade de Economia, Administração e Contabilidade (FEA-RP) da Universidade de São Paulo (USP) e pós-doutorado em práticas de inovação social na University of Westminster.

Johnny Cardoso Marques - Professor adjunto de Ciência da Computação do ITA em Eng. de Software, Eng. de Requisitos e Sistemas Críticos. Doutor em Eng. Eletrônica e Computação, área de Informática (ITA). Trabalhou mais de 20 anos na área de software para a aviação (Varig e Embraer). É parte do comitê de elaboração de normas internacionais da Rádio Technical Commission for Aeronautics (RTCA), Institute of Electrical and Electronics Engineers (IEEE), International Organization for Standardization (ISO) e Associação Brasileira de Normas Técnicas (ABNT). Ganhou o prêmio Significant Contributor da RTCA, pelo seu esforço no comitê editorial da norma "RTCA DO-200B - Standards for Processing Aeronautical Data". É membro da Comissão de Estudo de Gestão da Qualidade e Aspectos Gerais Correspondentes de Produtos para a Saúde da ABNT e atua como consultor de engenharia de software e certificação aeronáutica para o Instituto de Fomento e Organização Industrial (IFI).

Luciana Rocha G dos Santos - Possui graduação em Ciência e Tecnologia pela Universidade Federal da São Paulo (Unifesp), no campus de São José dos Campos, e atualmente é graduanda de engenharia de Materiais no mesmo campus. Também realizou iniciação científica durante a graduação com o Projeto Fotoácidos como sondas para avaliação da polaridade em polissiloxanos.

Luiz Eduardo Galvão Martins - Professor associado do ICT-Unifesp em São José dos Campos, tem experiência na área de Engenharia de Software, Engenharia de Controle e Automação e desenvolvimento de sistemas embarcados. Possui doutorado em Engenharia Elétrica, com ênfase em Engenharia da Computação, pela FEEC-UNICAMP. Realizou pós-doutorado na área de robótica móvel e sistemas embarcados, junto à empresa XBot Equipamentos Eletrônicos (São Carlos), no ano de 2011, trabalhando com a plataforma de robótica móvel RoboDeck. Em 2015 realizou pós-doutorado junto ao Software Engineering Research Lab., do Blekinge Institute of Technology (Suécia), trabalhando na área de Especificação de Sistemas Críticos (Safety-Critical Systems), ocasião em que teve a oportunidade de cooperar com as empresas suecas SAAB (Sistemas de Defesa) e Volvo Construction Equipment.

Maraísa Gonçalves - Possui doutorado em Ciência com ênfase em Agroquímica pela Universidade Federal de Lavras e pós-doutorado em preparação de materiais carbonáceos para adsorção de gases e processos catalíticos na Universidade de Alicante e Universidade Federal do ABC. Atualmente é professora da área de química no Instituto de Ciência e Tecnologia da Universidade Federal de São Paulo (Unifesp). Desenvolve pesquisa na área de química ambiental, com ênfase no aproveitamento de resíduos para aplicação em processos de tratamento de efluentes. Trabalha na orientação de alunos no Mestrado Profissional Interdisciplinar em Inovação Tecnológica (PIT - Unifesp) e no Programa de pós-graduação em Engenharia e Ciência dos Materiais. Além disso, é autora ou coautora de diversos artigos publicados em revistas científicas.

Maria Elizete Kunkel - É Física, PhD em Biomecânica pela Universität Ulm (Alemanha) e docente na área de Eng. Biomédica do Instituto de Ciência e Tecnologia da Universidade Federal de São Paulo (Unifesp). Leciona a disciplina de biomecânica na graduação e manufatura aditiva na pós-graduação. Coordena o Programa Mao3D e o grupo de pesquisa Biomecânica e Tecnologia Assistiva da Unifesp desenvolvendo dispositivos de tecnologia assistiva com próteses e órteses. É bolsista de Produtividade Desenvolvimento Tecnológico e Extensão Inovadora do CNPq orientando no Programa de Pós-Graduação Profissional Interdisciplinar em Inovação Tecnológica (PPG-PIT - Unifesp) e no Programa de Pós-Graduação em Engenharia Biomédica da Universidade Federal do ABC. Embaixadora do grupo Women in 3D Printing Brazil.

Rafael Slavov - É mestre em Inovação Tecnológica, área de Processos e Produtos Tecnológicos, pela Universidade Federal de São Paulo (Unifesp). Possui MBA em Gerenciamento de Projetos pela Fundação Getúlio Vargas (FGV) e é bacharel em Engenharia da Computação pela Faculdade de Engenharia de Sorocaba (FACENS). Tem vasta experiência no desenvolvimento e na manufatura de produtos atuando na Gestão da Qualidade e na Gestão dos Riscos em fornecedores com foco em análise de dados e tomadas de decisões.

Raquel Aparecida Domingues - Possui Doutorado em ciências com ênfase em Físico-Química pela Universidade Estadual de Campinas. Atualmente é professora adjunta no Instituto de Ciência e Tecnologia da Universidade Federal de São Paulo (UNIFESP). Nesta mesma universidade, faz parte do corpo docente de dois programas de pós-graduação, Mestrado Profissional Interdisciplinar em Inovação Tecnológica (PIT - Unifesp) e Engenharia e Ciência dos Materiais. Desenvolve pesquisa na área de química, com ênfase em polímeros, espectroscopia de fluorescência e química dos siloxanos. Atua também nos estudos dos semicondutores orgânicos com ênfase nos tipos utilizados em dispositivos eletroluminescentes. Além disso, é autora de diversos artigos publicados em revistas internacionais

Renato Cesar Sato - Renato Cesar Sato possui graduação em economia, especialização em gestão empresarial, pós-graduação em economia pela Aichi University of Education no Japão, mestre e doutor em tecnologia nuclear – aplicações pela Universidade de São Paulo. Foi pesquisador visitante na Universidade de Tóquio no Japão. Atualmente é professor associado no Instituto de Ciência e Tecnologia da Universidade Federal de São Paulo (UNIFESP). Nesta mesma universidade, faz parte do corpo docente do programa de pós-graduação Mestrado Profissional Interdisciplinar em Inovação Tecnológica (PIT - Unifesp).

Rochele Ferreira Silva Diniz - Possui graduação em Química Ambiental pela Universidade Federal de Viçosa. Participou do Programa de Iniciação Científica desenvolvendo pesquisas na área de Físico-Química teórica. Atualmente é Mestranda no programa de Mestrado Profissional Interdisciplinar em Inovação Tecnológica da Universidade Federal de São Paulo (UNIFESP), desenvolvendo pesquisa na área de química ambiental, com ênfase no aproveitamento de resíduos para produção de compósito para aplicação em processos de remoção de poluentes orgânicos. Também é Responsável Técnica na IBG Industria Brasileira de Gases LTDA, na área de qualidade.

Thabata Alcantara Ferreira Ganga - Bacharel em Ciência e Tecnologia e Engenheira Biomédica pela Universidade Federal de São Paulo. Possui grande experiência com CAD/CAM, imagens médicas e impressão 3D adquiridas através dos projetos de pesquisa em engenharia biomédica desenvolvidos no IEAv, Unifesp, LAC/Oxford, Mao3D e empresa 3D Criar. Co-fundadora do programa de extensão universitária Mao3D no desenvolvimento de uma prótese mioelétrica de membro superior. Foi pesquisadora do Centro de Antropologia e Arqueologia

Forense da Unifesp/LAC-Oxford, onde desenvolveu um protocolo de perícia criminal com modelagem 3D das vítimas.

Thais Aline P. Mendonça - Possui graduação em Engenharia Química pela Escola de Engenharia de Lorena EEL-USP e MBA em Gestão Industrial pela FGV. Foi Engenheira da Qualidade e Chefe de Produção em duas unidades da multinacional Gerdau, na fabricação de arame para solda e aço cortado e dobrado para construção civil. Enquanto estava na graduação fez iniciação cientifica na área de Química Orgânica. Atualmente é Mestranda em Engenharia e Ciências de Materiais no Instituto de Ciência e Tecnologia da Universidade Federal de São Paulo (Unifesp) desenvolvendo pesquisa na área de química ambiental, com ênfase no aproveitamento de resíduos para produção de carvão ativado para aplicação em processos de tratamento de efluentes.

Tiago de Oliveira - Possui graduação em Ciência da Computação (2002) e Doutorado em Engenharia Elétrica (2009) pela Universidade Estadual Paulista Júlio de Mesquita Filho. Atualmente é professor da Universidade Federal de São Paulo. Tem experiência na área de Ciência da Computação, com ênfase em Arquitetura de Sistemas de Computação, atuando principalmente nos seguintes temas: síntese de sistemas digitais, arquiteturas reconfiguráveis e linguagens de descrição de hardware. Tem atuado também na área de tecnologia educacional e metodologias de ensino-aprendizagem.

Índice remissivo

A

ácido polilático, 54
acrylonitrile–butadiene styrene, 54
Additive manufacturing, 50
Augmented Reality, 38, 42, 44, 48, 49

B

Biocombustíveis, 144, 146

C

câmera, 39, 40, 42, 45
células solares, 4, 141, 143, 149, 150, 151, 152
certificação, 87, 88, 95, 96, 100, 101, 102, 103, 178
crowdfunding, 21, 22, 23, 24, 25, 26, 30, 31, 32, 33, 34, 35, 36, 166, 167, 168, 170, 171, 173, 174
crowdsourcing, 22, 23, 29, 31, 32
cultura *Open*, 12, 18

D

Dados abertos, 8, 11
digital, 51, 56, 61, 166

E

energia, 4, 24, 51, 82, 141, 143, 144, 145, 146, 148, 149, 150, 151, 152
Engenharia Biomédica, 6, 50, 56, 176, 179
Engenharia de Requisitos, 91, 92, 93, 94

F

financiamento, 4, 16, 21, 22, 23, 24, 25, 26, 29, 30, 31, 32, 33, 34, 35, 37, 157, 158, 159, 160, 161, 162, 164, 166, 167, 169, 170, 171
fontes renováveis, 54, 141, 143, 152
Fused Deposition Modeling, 50, 52

I

impressão 3D, 4, 50, 51, 54, 56, 60, 65, 67, 176, 182
informação, 9, 12, 14, 17, 22, 38, 80, 101, 116, 164
inovação, 8
inovação social, 4, 21, 22, 23, 26, 27, 28, 29, 30, 31, 32, 33, 34, 35, 37, 178
inovações, 4, 22, 33, 34, 37, 56, 157, 158, 159, 161, 171

M

manufatura aditiva, 50, 51, 52, 56, 57, 59, 60, 61, 62, 64, 65, 66, 67, 68, 179
Mao3D, 57, 68, 175, 179, 182
memória, 74, 75, 76, 78, 79, 81, 83, 112, 114
metanálise, 4, 128
modelagem por fusão e deposição, 50, 52

N

nuvens de pontos, 42

O

open hardware, 9
open innovation, 9, 19
open software, 9

P

privacidade, 6, 17
processador, 73, 74, 75, 76, 79, 82, 114, 124
Processamento de Alto Desempenho, 72, 176, 177
próteses, 52, 56, 57, 58, 60, 176, 179

R

Realidade Aumentada, 6, 38, 39, 40, 41, 42, 43, 44, 46, 177
Rede de Petri, 108, 109, 110, 111, 112, 114, 115, 116, 117, 119, 120, 121, 122, 123, 124, 125
revolução industrial, 51
riscos, 24, 62, 87, 88, 89, 90, 92, 93, 133, 163

S

Safety-Critical Systems, 88, 104, 107, 179
sistema, 9, 23, 39, 40, 41, 43, 44, 45, 54, 59, 65, 66, 72, 73, 79, 82, 83, 88, 89, 90, 91, 92, 93, 94, 97, 99, 100, 101, 102, 108, 109, 110, 112, 114, 115, 119, 122, 124, 125, 149, 170
sistemas computacionais de alto desempenho, 71, 72, 73, 84
sistemas críticos, 4, 87, 88, 89, 91, 92, 93, 94, 100, 102, 103
Social innovation, 21, 36, 37
stakeholders, 21, 27, 30, 100

T

tecnologia, 23, 27, 28, 45, 50, 51, 52, 56, 60, 63, 65, 66, 68, 88, 96, 112, 143, 144, 146, 152, 159, 164, 175, 179, 180, 182
Tecnologia, 4, 5, 8, 9, 21, 38, 50, 57, 71, 87, 108, 128, 141, 156, 157, 176, 177, 178, 179, 180, 182

www.ingramcontent.com/pod-product-compliance
Lightning Source LLC
Chambersburg PA
CBHW060414220526
45465CB00008B/2880